“十三五”国家重点出版物出版规划项目
中国科学院科学传播局“高端科研资源科普化”项目

中国古代重要科技发明创造

中国科学院自然科学史研究所　编著

中国科学技术出版社
·北　京·

图书在版编目（CIP）数据

中国古代重要科技发明创造 / 中国科学院自然科学史研究所编著 . —北京：中国科学技术出版社，2016.6（2017.4 重印）

ISBN 978-7-5046-7090-8

Ⅰ.①中… Ⅱ.①中… Ⅲ.①科学技术—创造发明—中国—古代—普及读物 Ⅳ.① N092-49

中国版本图书馆 CIP 数据核字（2016）第 106776 号

策划编辑 吕建华 赵 晖
责任编辑 赵 晖 王 菡
装帧设计 中文天地
责任校对 何士如
责任印制 张建农

出　　版 中国科学技术出版社
发　　行 科学普及出版社发行部
地　　址 北京市海淀区中关村南大街16号
邮　　编 100081
发行电话 010-62173865
传　　真 010-62179148
网　　址 http://www.cspbooks.com.cn

开　　本 787mm × 1092mm 1/16
字　　数 197千字
印　　张 14
版　　次 2016年6月第1版
印　　次 2017年4月第4次印刷
印　　刷 北京凯鑫彩色印刷有限公司
书　　号 ISBN 978-7-5046-7090-8 / N·209
定　　价 90.00元

序 言

新一轮科技革命正孕育兴起，创新驱动发展已势在必行。能否洞察科技发展的未来趋势，能否把握科技创新带来的发展机遇，将直接影响世界各国在未来的兴衰。当前，发展的巨大挑战和重大机遇并存，中国正处在实施创新驱动发展战略、建设创新型国家、全面建成小康社会的关键时期和攻坚阶段。

“以史为鉴，可以知兴替。”创新驱动发展的关键是科技创新，中华民族在世界科技创新的历史上曾经有过辉煌的成就，培根、马克思等思想家都认为正是来自中国的火药、指南针、造纸术等科技发明推动了世界近代历史的进程。不过，“四大发明”还不能充分展现中国古代科技文明的全貌。中国古代到底有哪些科技发明创造？这是我国科技史研究者需要回答的重大问题。不仅仅是科技界，人文社会科学界、决策者与管理者，还有关心科技创新的学生和公众等社会各界都期待早日看到答案。当然这不是一个容易回答的问题，需要做大量的研究和工作。

党的“十八大”以来，习近平总书记多次强调要传承和弘扬中华优秀传统文化，指出：“中华文明源远流长，蕴育了中华民族的宝贵精神品格，培育了中国人民的崇高价值追求。”“优秀传统文化可以说是中华民族永远不能离别的精神家园。”

我非常欣喜地看到中国科学院科学传播局、自然科学史研究所能够敏锐把握到这样一个国家、时代和公众的重大需求，适时推出《中国古代重大科技创造发明》这一阶段性成果，将这一问题的研究向前推进了一大步。研究组在前言提出的遴选标准为突出原创性、反映古代科技发展的先进水平以及对世界文明的重要影响。这也正与我院新时期办院方针中的“三个面向”相合，即面向世界科技前沿、面向国家重大需求、面向国民经济主战场，牢牢把握住了科技创新的双重使命：既要占据世界科技前沿，又要服务国家社会，推动人类文明的发展。同时，我们读过这份发明创造清单之后，会产生更多的思考，正如研究组在前言中分析的那样，为什么盛唐时期的科技成就不突出，反倒是长期被认为偏安积弱的宋代在科技创新方面却有辉煌的成就？而从元末开始，我国又为什么长期陷入科技缓慢发展阶段？这又给我们提出了新的问题要去探索和研究，我希望自然科学史研究所将这项研究不断推进下去，揭示科学技术的历史、本质和发展规律，认知科学技术与社会、政治、经济、文化等的复杂关系，研究和传播科学思想，为建设科学思想库、发展科技文化事业不断做出新贡献。

另一方面，我们应该清醒地认识到公众科学素质的提升是科技创新的基础。做好科普和科学传播工作对有效提升全民科学素质、增强国家软实力具有重大意义，因而是实施创新驱动发展战略、建设创新型国家的一项基础任务。习近平总书记曾指出科学普及和科技创新如同鸟之双翼、车之双轮，相辅相成、缺一不可。当前，中国科学院正按照习近平总书记提出的“四个率先”要求，全面深入实施“率先行动”计划，全院正处在改革创新发展的关键时期，肩负着实施创新驱动发展战略的时代重任，努力为全面建成小康社会提供坚实的科技支撑。

作为国家战略科技力量，中国科学院不仅是科技创新的火车头，也要做科普工作的国家队。在2013年机构改革中，中国科学院成立了科学传播局，并把科普工作当做实施“率先行动”计划的一项重要举措，从组织机构层面确保科学普及和科学传播工作的扎实推进。中国科学院的科普工作以“服务国家、服务社会”为宗旨，坚守“高端、引领、有特色、成体系”的定位，着力实施“高端科研资源科普化”计划和“‘科学与中国’科学教育”两大计划，同时体现“三个面向”的办院方针，即着力面向国家社会的重大科普需求、面向前沿科技进展的传播、面向品牌科普产业的发展。

最后，我希望中国科学院像《中国古代重大科技创造发明》这样的成果能够获得社会各界的欢迎和认可，中国科学院的科学传播工作能够继承和发扬优秀的科技文化，为全面建成小康社会筑牢全民科学素质基础，为深入实施创新驱动发展战略、建设创新型国家做出应有贡献。

中国科学院院长

2016 年 5 月 12 日

前 言

早在文艺复兴时期，意大利数学家卡丹（Jerome Cardan）就高度赞誉了中国人发明的指南针、印刷术和火药。后来，培根（Francis Bacon）、伏尔泰（François-Marie Arouet）和马克思等思想家进一步阐释这三项发明对世界历史进程的影响。到19世纪下半叶，来华传教士艾约瑟（Joseph Edkins）将造纸术与印刷术、指南针、火药并列为中国的卓越发明。此后，“四大发明”成为中华文明一种标志，但它还不足以全面展现中华民族的科技成就，因为我国古代的重要发明创造远不止于此。例如，我们的祖先最先栽培了世界最重要的粮食作物之一——水稻，最重要的豆类作物——大豆，最重要的水果作物之一——柑橘，三大饮料作物之一——茶。这些作物的栽培技术传向世界，对人类生存和发展的贡献并不逊色于“四大发明”。

多年来，特别是在当下这样一个追求创新的时代，学界与公众对了解中国人究竟做出了哪些独创的科技成就，期望尤切。李约瑟（Joseph Needham）、坦普尔（Robert K.G. Temple）、金秋鹏、华觉明等专家先后开列过中国发明创造的清单，引发了诸多讨论。基于科技史界的长期研究，我们现在有条件突破“四大发明”说的局限，在全球史视野下盘点中国古代重要科技发明创造，列出新的清单。2013年8月，中国科学院自然科学史研究所成立“中国古代重要科技发明创造”研究组，邀请所内外专家通力合作，梳理科技史和考古学等学科的研究成果，系统考量我国的古代发明创造。中国科学院传播局将此项工作列为重要课题，给予持续鼓励和支持。

经过持续的集体调研，我们推选出“中国古代重要科技发明创造”88

项，并将它们大致分为科学发现与创造、技术发明、工程成就三类。其中，工程成就展现出古人创造和综合利用先进技术的非凡能力，集中反映了冶铸、土木、水利、建筑、园林、航海等技术门类的发明创造。当然，中国古代发明创造不止88项。比如，仅在机械与仪器方面，就还有犁镜、记里鼓车、磨车、舂车、水转大纺车、秤漏、走马灯等，以及技术特色鲜明的砻、赤道浑仪等。一些重大发明还衍生出新技术，比如在大豆的利用方面，中国人发明了豆腐和酱油。

古代科学与技术门类发展并不均衡，参比的因素就更复杂。我们选列发明创造清单时重点考虑三个方面：一是突出原创性；二是反映古代科技发展的先进水平；三是对世界文明有重要影响。评估某项发明的原创性，要有可靠的考古或文献证据，能证明它是迄今所知世界上最早的，或者属于最早之一且独具特色。为慎重起见，我们未推荐那些因史料不足而不易判断其科技内涵或原创性的发明。有些发明创造的科技内涵属于长期难解之谜，典型的例子如三国时期的“木牛流马”。

在证据充分可信的情况下，我们容易准确地为方程术、制图六体、提花机、造纸术、瓷器、水运仪象台、双作用活塞式风箱、火铳、都江堰等作出严谨的分类定名。但是，对有些科学发现与创造、技术发明，需要作适当的概括。例如，中国古代擅长天文测算，积累了大量系统的观测记录，其中的新星和超新星观测记录还为现代科学家研究超新星、射电源、脉冲星、中子星等高能天体作出了重要贡献。因此，我们将“天象记录”列为重要科学发现与创造，以概括地反映中国古代天文观测的成就。

有的发明创造很可能未曾持续地发展，或实用功能有限，却在一定程度上体现出非凡的智慧和技艺，如秦陵铜车马、指南车和水运仪象台等。铜车马不是实用的车辆，但凝聚着精湛的铜器制造工艺，让我们了解到秦代的车制和系驾方法。指南车反映了古人设计特殊功能传动机构的才智。水运仪象台集成了计时、天象演示以及天文观测的功能，创制者发明了巧妙的“擒纵机构”，并以成套的绘图表达机械构造，展现出中国人设计复杂机械系统的高超水平。相比之下，有些发明创造在技术的复杂性方面不甚突出，却曾对文明进程产生过不小的影响。例如，马镫虽构造简单，却显著提升了骑兵的战斗力。

中华民族成就了诸多发明创造，为人类文明做出了巨大贡献。应当指出，中国古代科技创造的出现在时间上并不是均匀分布的。水稻栽培、粟作、琢玉等技术出现在史前，对中华文明的形成产生了至关重要的影响。先秦两汉是相当数量重要科技发明的形成期。盛唐时代的科技创造不甚突出，反倒是长期被认为偏安积弱的宋代却拥有辉煌的创造发明。大约从元末开始，我国传统科技陷入缓慢发展阶段，鲜有重大发明创造。这些现象值得我们深思。

近年来，我国科技史界努力突破“成就描述”的研究范式，注重探讨知识的创造和传播以及科技与各种社会因素的互动关系。我们希望以全球史的视野考察中国传统科技，将古代中国与两河流域、古埃及、古希腊罗马、古印度等文明进行比较，从而审慎地判断哪些发明创造是中国人做出的或具有鲜明的中国技术特点。

纵观古代历史，一些科技知识可能是多地起源的，不过，可能更多较复杂的科技知识是通过传播而被不同文明分享的。比如，中国人通过多种途径向世界贡献了水稻、大豆和茶等作物栽培方法，以及丝织、瓷器、造纸、印刷、火药、指南针等方面的技术，也引种了小麦、棉花、玉米、马铃薯和西红柿等作物。当然，还有些发明创造属于传播基础上的再次创新，其创新成就依然堪称杰出。众所周知的“丝绸之路”就不仅是中国与世界贸易交流的通道，同时也是科技知识传播和互动的活跃区域，推动着人类文明的演进。

科技史学科为公众理解科学、技术、经济、社会与文化的发展提供了独特的视角，其成果应当走进公众。自然科学史研究所在 2015 年设立科学传播研究中心，旨在发挥学科特色，普及科技史及相关领域的新成果，为传播科技知识、弘扬科学精神、建设科学文化与助力科技创新贡献力量。我们期待先贤发明创造的智慧能够成为激励当代国人持续创新的动力，透过悠远的历史传递智慧的回响！

诚然，遴选出数十项乃至上百项“重要发明创造”并非易事，有些问题也存在争论，见仁见智。我们希望随着科技史研究的深入，学者们会不断有新的发现和心得，进而完善这一清单。我们衷心欢迎广大同行和读者对我们的工作批评指正。

“中国古代重要科技发明创造”研究组

2016 年 5 月 4 日

CONTENTS | 目录

上篇　科学发现与创造

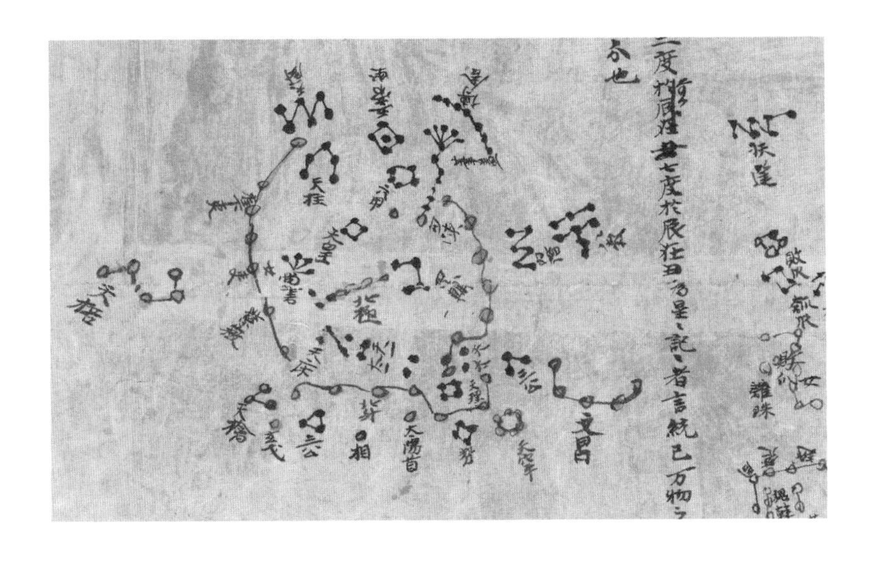

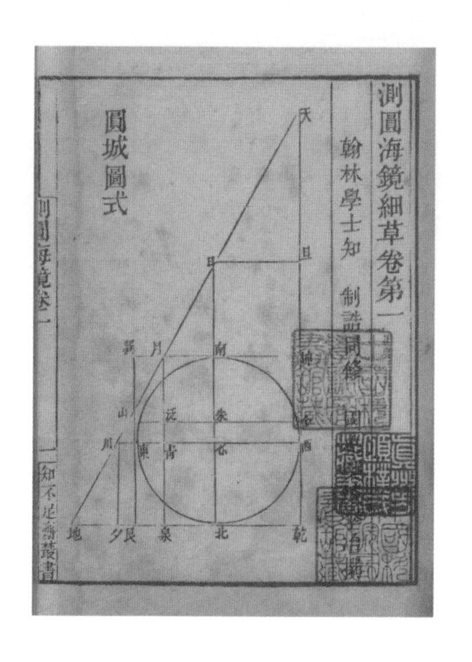

中篇　技术发明

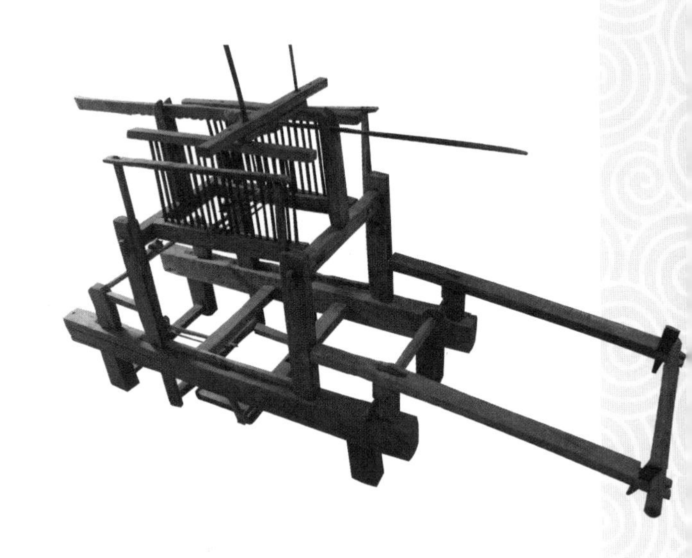

下篇　工程成就

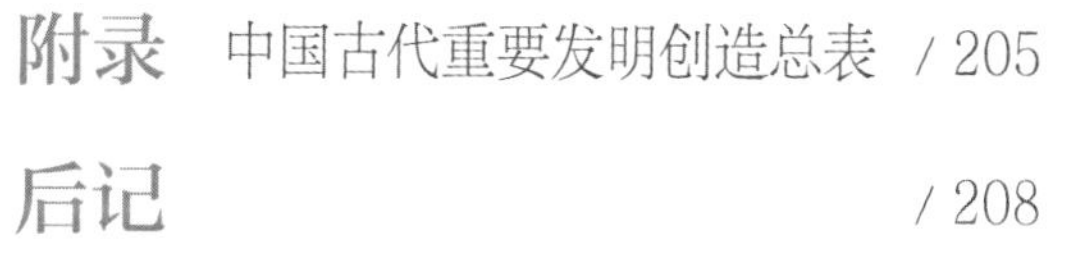

上篇

科学发现与创造

1. 干支

干支是中国古代重要的符号系统，主要用于纪时，也用于表示方位。

干支是甲、乙、丙、丁、戊、己、庚、辛、壬、癸十个天干和子、丑、寅、卯、辰、巳、午、未、申、酉、戌、亥十二个地支的合称。十天干与十二地支循环组合成为六十干支如下：

甲子	乙丑	丙寅	丁卯	戊辰	己巳	庚午	辛未	壬申	癸酉
甲戌	乙亥	丙子	丁丑	戊寅	己卯	庚辰	辛巳	壬午	癸未
甲申	乙酉	丙戌	丁亥	戊子	己丑	庚寅	辛卯	壬辰	癸巳
甲午	乙未	丙申	丁酉	戊戌	己亥	庚子	辛丑	壬寅	癸卯
甲辰	乙巳	丙午	丁未	戊申	己酉	庚戌	辛亥	壬子	癸丑
甲寅	乙卯	丙辰	丁巳	戊午	己未	庚申	辛酉	壬戌	癸亥

殷墟甲骨文表明，至迟从公元前 13 世纪的商代后期开始，干支已普遍用于纪日，[1] 有一块牛胛骨完整地记录了六十干支。[2]

干支纪日法从商代后期一直连续使用到今天，历代的历谱都注明干支。由于干支纪日法的连续使用，使我们能够更准确地确定古代历法中的日期具体所指为现行公历中的哪一天。

以十二地支纪月至迟出现在春秋时代，以冬至所在之月为子月，顺序排列，这种配置方式到现在一直未变。天干和地支结合起来纪月出现较晚。

以十二地支纪年应该是由岁星（木星）纪岁发展而来。战国到

商·刻“干支表”牛骨（局部）

秦代使用一套很奇怪的60循环的名称纪岁，如阏逢摄提格岁。到汉武帝时代始用干支替换了这套奇怪的年名，之后一直延续下来。[3]

十二地支也用于表示一日之中的时辰。把一天的时间划分为12个时辰，子夜称为子时，相当于现在24小时制的半夜23时至凌晨1时，依次向后排列，这种方法最迟在汉初已经出现，配上天干则是到了唐代。[4]

天干和地支也用于表示方位。中国古代地平方位的划分一般是分为四方、八方、十二方位，在四方系统的划分中常用子、午、卯、酉来表示北南东西，在十二方位的系统中则是使用十二地支来表示方位，以正北方向为子，顺时针依次为丑、寅、卯、辰、巳、午、未、申、酉、戌、亥。

此外，干支也被配上阴阳五行的属性，在中国古代阴阳五行化的时空构架中扮演重要角色。

（徐凤先）

参考文献

[1] 常玉芝. 殷商历法研究. 长春：吉林文史出版社，1998，8-95.

[2] 郭沫若. 甲骨文合集. 第十二册. 北京：中华书局，1983. 编号37986.

[3] 徐振韬. 中国古代天文学词典. 北京：中国科学技术出版社，2008，64-65.

[4] 卢央. 中国古代星占学. 北京：中国科学技术出版社，2008，14-17.

2. 阴阳合历

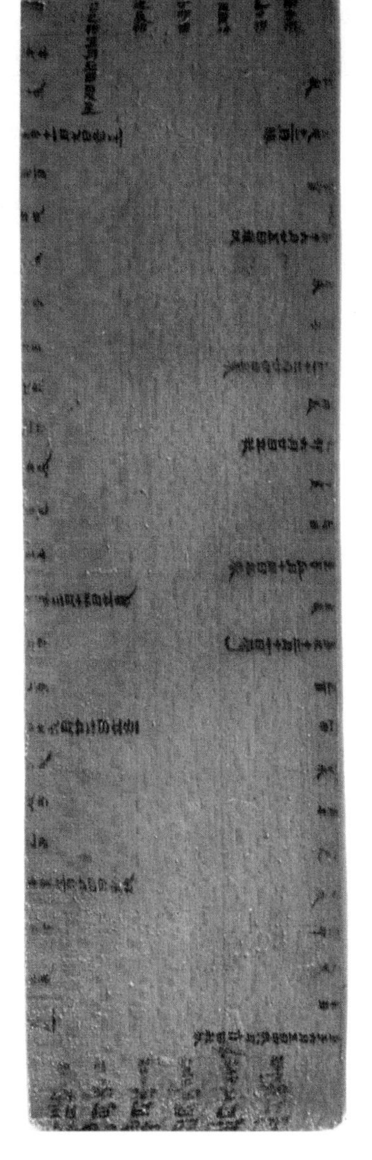
伊湾汉墓历谱原本（BC.12）

历法的主要功能之一是安排历日。世界上不同文明创造了多种多样的历法，其中有的是纯阴历，根据朔望月安排历日；有的是纯阳历，依据太阳的回归年；还有其他形式的历法。中国古代历法为阴阳合历，即把朔望月和基于太阳年而划分的节气结合起来考虑历日安排。

这种阴阳合历的历法体系至迟殷商时期就已初见，至汉代历法已有定型的文本并流传至今。

由于一个太阳年的长度约为365.2422日，一个朔望月的长度约为29.5306日，两者之间没有整数倍的关系，12个朔望月的长度约为354天，较太阳年长少11 ~ 12天，因而，每隔几个包含12个朔望月的年份就要安排一个包含13个朔望月的年份，多出来的这个月称为闰月。春秋时期闰月的安排还不太规则，一般安排在年末。由于一个太阳年固定地含有12个节气和12个中气，汉代历法开始采用无中置闰法，即以没有中气的那个月份为闰月。如东汉四分历朔望月长 $29\frac{499}{940}$日，节气长为 $15\frac{7}{32}$日，这样，每积累 32 ~ 33 个朔望月将出现一次无中气月，此月为闰月，这样月份与中气相对固定。

由于地球绕太阳公转的轨道不是正圆形，实际上相邻两个节气之间的时间间隔并非完全相同。以平均长度计算的节气称为平气，而以太阳的真正黄经位置计算的节气称为定气。与此类似，朔也存在着平朔和定朔的区别。唐初改平朔为定朔，根据日、月同经的实际时刻确定朔望月的初日，节气依然为平气。[1] 使用定朔平气注历对传统无中气置闰规则影响不大。清代采用西洋历法，官修历书改平气为定气、定朔，即严格根据日躔行度安排节气。采用“定气”注历后，在太阳视运动较快的季节相邻两个中气的时间间隔就会短于一个朔望月的长度，由此可能出现一个朔望月中包含两个中气的情况，这样在其前或其后的月份虽无中气却不是闰月。[2] 故此，清代官修岁次历书中有多次无中气不置闰的安排。现代的农历就是沿袭了清代定朔定气计算历日。

（王广超）

参考文献

[1] 陈美东. 中国科学技术史 · 天文学卷. 北京：科学出版社，2003，345-346.

[2] 陈展云. 旧历改用定气后在置闰上出现的问题. 自然科学史研究，1986，5（1）：22-28.

3. 圭表

河南登封观星台

圭表是中国古代重要的天文仪器，主要用于测量正午日影长度，确定冬至和夏至，进而确定回归年长度和历法的起算点。❶

圭表是由圭和表两部分构成。表是一根垂直竖立在地上的杆子，圭是平放在地上的起标尺作用的部件，放在表的正北方。从圭上的刻度读出表影的长度。表也可不与圭结合而单独使用测量方位，而与圭组合起来的圭表则用来测量正午日影。

由于不同季节太阳在正午时分的高度角不同，表投在圭上的影长也随之不同。在北回归线以北到北极圈以南的地区，正午时分太阳永远在正南方向，冬至日太阳高度角最低，表影最长，夏至日相反。

甲骨文中就有可能是正午测日影的卜辞，❷《周礼》中有“日至之景，尺有五寸，谓之地中”的记载。至迟在春秋时期就形成了用圭表测影确定二至日的方法，当时历法中的置闰法也逐渐走向规则。❸

古文献明确记载西汉长安城的灵台上设置铜圭表，表高八尺，圭长一丈三尺。1965 年江苏仪征一座东汉中期墓中出土过一件小型铜圭表，表高为正常尺度的十分之一。[4]

为了提高测量精度，需要保证表的垂直和圭面的水平。表的垂直是通过在表上悬挂垂线实现的，圭面的水平则采用了在圭面上开设沟渠的方法。汉代出土的铜圭表模型上已经有了沟渠。

从汉代到清代，中国古代留下了一系列二十四节气正午日影的数据，[5] 这是中国古代历法的宝贵资料。

中国传统的表高一般是八尺高，也有一丈高和九尺高的。对圭表作出最重大改革的是元代的郭守敬。为了提高观测精度，郭守敬将表高改为四十尺。但是表高增加之后表端投射到圭面的影子就会模糊不清，为了解决这个问题，郭守敬又设计了景符——一个带有小孔的铜片，放在圭面上，有轴可以转动，利用小孔成像原理把太阳的影子投射到圭尺上，这样观测精度大大提高。

文献记载郭守敬建造过数个高表，其中河南登封告城镇的高表至今依然存在，现在一般称之为登封观星台。登封观星台实际上是以高台本身作为表，以设置在高台上的一条横梁作为表端，横梁到圭面的高度正好是元代的四十尺。圭面上有刻度，并有沟渠以调整水平。[6]

（徐凤先）

参考文献

1. 中国天文学史整理研究小组. 中国天文学史. 科学出版社，1981，88-91.
2. 萧良琼. 卜辞中的“立中”与商代的圭表测影. 科技史文集. 第十辑. 上海科学技术出版社，1983，27-44.
3. 陈美东. 鲁国历谱及春秋、西周历法. 自然科学史研究，2000，19（2）：124-142.
4. 车一雄，徐振韬，尤振尧. 仪征东汉墓出土铜圭表的初步研究. 见：中国社会科学院考古研究所 编. 中国古代天文文物论集. 文物出版社，1989，154-161.
5. 张培瑜，陈美东，薄树人，胡铁珠. 中国古代历法 . 中国科学技术出版社，2008，34-37.
6. 董作宾，刘敦桢，高平子. 周公测景台调查报告. 国立中央研究院专刊. 北京：商务印书馆，1937.

4. 十进位值制与算筹记数

对于自然数，从一开始每增加到上一个基本数字的十倍就用一个新数字符号或以新方式用已有的符号来表示，这就是十进制。用位置体现数的单位，一个数字符号放在某个数位，就表示该数字单位的相应倍数，这就是位置值制，简称位值制。十进制最早见于古埃及，位值制最早见于古代两河流域的六十进位值制。十进的位置值制记数法，简称十进位值制记数法，是现代世界通行的记数法，它很可能最早出现于中国[1-4]。

中国人一直普遍使用十进制。商代甲骨文有一至九、十、百、千、万共 13 个基本数字符号；前九个与后四个结合，分别表示十、百、千、万的倍数[3-5, 10-12]。结合时有合书[12]和析书两种方式[18]，前者是两个字合成一个字，后者是两个字前后书写。当时按“几万几千几百几十几”的形式记录数，有时亦用“又”在“万”“千”“百”“十”字或其中一部分之后做连接，这可以表示小于十万的任意自然数[12, 18]。如果将数的单位十、百、千、万和连接符号省去，则成为十进位值制的形式。这种形式在秦代陶文[15]中已出现简单的例证。

早期比较普遍而又典型的十进位值制记数法是算筹记数法。算筹本身非常简单，就是长条形小棍。材质可能是竹、木、金属、骨头乃至象牙，但主要是竹和木，尤以竹质为多，所以表示算筹的字往往从竹，如算、筭、筹、策等[5, 13, 17]。古代用算筹排列成基本数字一至九，有两种形式：

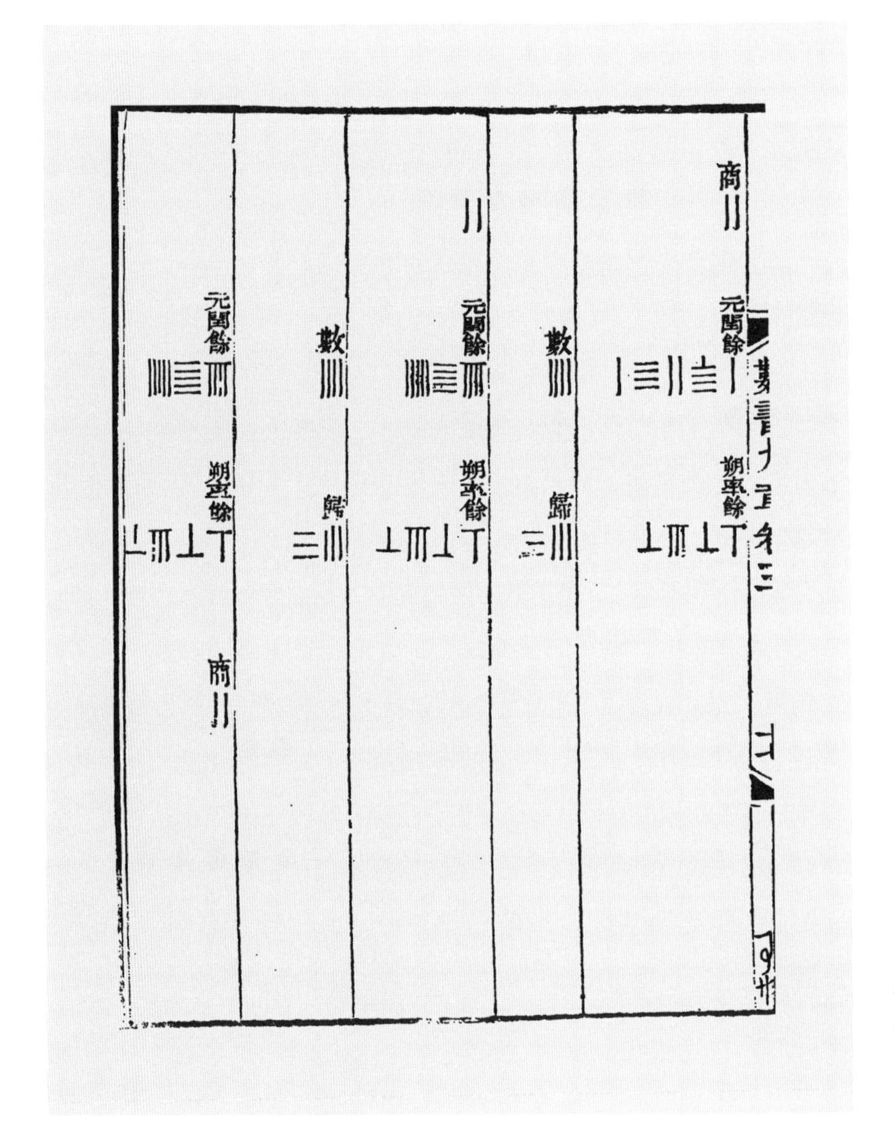

算筹表示的数
《数书九章》，
《宜稼堂丛书》
18卷本卷三·
天时类

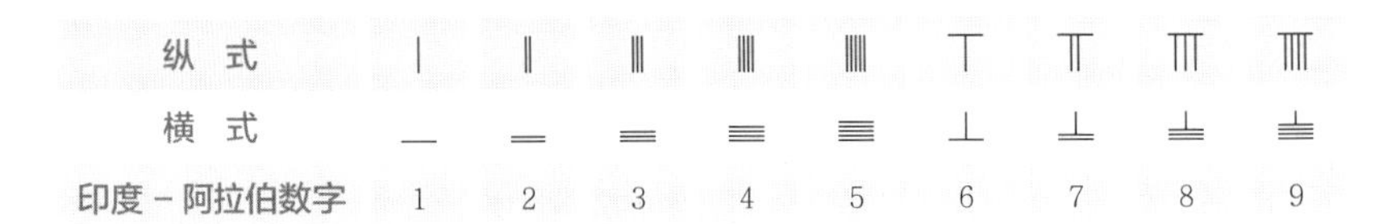

纵 式	丨	𝍡	𝍢	𝍣	𝍤	𝍥	𝍦	𝍧	𝍨
横 式	一	二	三	𝍫	𝍬	𝍭	𝍮	𝍯	𝍰
印度－阿拉伯数字	1	2	3	4	5	6	7	8	9

其特点是：一至五，表示几就用几根算筹；对六至九，用一根在上面的算筹表示所含的五，比五多几就在下面用几根算筹与表示五的算筹靠拢垂直放置[12,18,20]。记数时，个、百、万等奇数位上的

数字用纵式，十、千、十万等偶数位上的数字用横式，纵横交错表示整数。如果遇某位上数字为零，则空出相应的位置。如 68012 用算筹表示就是 ⊤ ⊥ 　一 ‖。古代还通过算筹的颜色、形状或摆放方式来区分正负数[4,5,10,12,14,18-20]。

算筹的萌芽时期可以追溯到远古时代以草茎、小棍记数的原始记数方法。《世本》说黄帝时史官隶首创造了算筹，大概应从这个意义上解释[18,20]。上述成熟的算筹记数法不晚于春秋时代，而可能更早[12,18]。《左传》记载公元前 543 年一则字谜，说一个老人年纪的日数为一个亥字，谜底为 2 万 6 千 6 百日又 6 旬，这正是上述记数法的应用。它说明这种制度在公元前 6 世纪中期早已存在。《老子》说“善数不用筹策”，是说数学能力高的人不必像一般人那样计算时需要使用算筹。[4,12,18,20]《墨经》反映了十进位值制的特点，还有其他先秦文献如《孙子》《管子》等都提到了算筹的运用，秦汉简牍算书中的用语则表明很多计算是用算筹进行的。[4,18] 出土的战国早期陶器刻画中，战国时代货币文字中，也都有算筹使用的证据[3-7,16]。算筹实物在战国早期至汉代的墓葬中均有出土[5-9,13,17-18]。

直到公元 14 世纪，算筹一直是中国人常用的计算工具，其简便快捷的优点，造就了中国古代数学长于算法的特点[12]。

（邹大海）

参考文献

1. Lam Lay-Yong. A Chinese Genesis Rewriting the history of our numeral system, *Archive for History of Exact Science*,1988, Vol.38, pp.101-108.
2. Lam Lay-Yong, Ang Tian Se. *Fleeting footsteps* (revised edition), World Scientific Publishing Co. Pte. Ltd, 2004.
3. Li Yan, Du Shiran (authors); John N.Crossley, Anthony W.-C. Lun (translators). *Chinese mathematics: A Concise History*, Oxford University Press, 1987.

❹ Needham Joseph, Wang Ling. *Science and Civilisation in China, Vol.3, Mathematics and the Sciences of the Heaven and the Earth*. Cambridge University Press, 1959, 146-150.

❺ 杜石然．算筹探源．中国历史博物馆馆刊，1989（12）：28-36.

❻ 甘肃省文物考古研究所．天水放马滩秦简．北京：中华书局，2009.

❼ 河南省文物研究所，中国历史博物馆考古部．登封王城岗与阳城．北京：文物出版社，1992.

❽ 湖南省文物管理委员会．长沙左家公山的战国木椁墓．文物参考资料，1954（12）：3-19.

❾ 湖南省博物馆，湖南省文物考古研究所，长沙市博物馆，长沙市文物考古研究所．长沙楚墓．北京：文物出版社，2000，480-481.

❿ 李俨．筹算制度考．中算史论丛，第四集．北京：科学出版社，1955，1-8.

⓫ 李俨．中国数学大纲（修订本）．北京：科学出版社，1958.

⓬ 钱宝琮．中国数学史．北京：科学出版社，1982.

⓭ 王青建．论出土算筹．中国科技史料，1993，14（3）：3-11.

⓮ 严敦杰．中国使用数码的历史．科技史文集 · 第 8 辑 · 数学史专辑．上海科学技术出版社，1982.

⓯ 袁仲一．秦代陶文．西安：三秦出版社，1987.

⓰ 张沛．盱眙、阜阳出土金币上的数码符号试析．中国钱币，1993,（2）：36-40.

⓱ 张沛．出土算筹考略．文博，1996（4）：53-59.

⓲ 邹大海．中国数学的兴起与先秦数学．石家庄：河北科学技术出版社，2001.

⓳ 邹大海．从出土简牍文献看中国早期的正负数概念．考古学报，2010（4）：481-504.

⓴ Zou Dahai. Whole number in ancient Chinese civilisation: A survey based on the system of counting-units and expressions. *ICMI Study 23: Primary Mathematics Study on Whole Numbers: Proceedings* (Edited by Xuhua Sun, Berinderjeet Kaur, Jarmila Novotn á), Macao: International Commission in Mathematical Instruction, University of Macau, the Education and Youth Affairs Bureau, Macau SAR, 2015, 157-164.

5. 小孔成像

在一个明亮的物体与屏幕间放一块挡板，挡板上开一个小孔，在屏幕上会形成物体的一个倒立的实像，这种现象被称为小孔成像。

小孔成像现象的发现是早期光学研究中揭示光的直线传播性的最重要的证据之一，也是后世照相、幻灯等技术诞生的物理基础。

成书于中国战国中期（约公元前 4 世纪中叶以前）[1] 的《墨经》最早述及小孔成像现象。在《墨经》的“经下”和“经说下”两篇中记载了一系列关于光线成像、成影以及镜面反射规律的论述，是世界上最早的关于光学问题的论述，小孔成像问题就是其中一条。[2] 其中不仅描述了光线通过小孔在墙壁上形成倒立实像的现象，而且还讨论了成像机制，正确地指出形成倒像的根本原因在于光的直进性。

自《墨经》以后，后世学者如沈括（1031—1095 年）、赵友钦（约 13 世纪中叶—14 世纪中叶）等又对小孔成像现象进行了更深入的研究和讨论。其中赵友钦还设计了大型实验，他动用上千根蜡烛作为光源，在屋内地面上开凿最深达 8 尺（约 2.6 米）的深井作为物距，以从地面到天花板的距离作为像距，对孔的大小与形状、光源亮度、像距、物距等因素对成像效果的影响进行细致的研究，做出了中国古代对小孔成像问题最为系统、完整的论述。[3]

在西方，最早记载小孔成像现象的是希腊哲学家亚里士多德（公元前 384—公元前 322 年）。[4] 他在《问题集》(*Problemata*，公元前 4 世纪后半叶）中记述了阳光穿过树叶或柳条制品的间隙在地上成像的现象，并尝试对其原因进行了讨论，不过他给出的解释基本上是错误的。[5] 此后，直到公元 10 世纪，阿拉伯学者海什木（ibn al. Haytham）才对小孔成像的原理给出了正确的解释。并与海什木的其他光学发现一样，后来传入欧洲，成为文艺复兴后欧洲相关研究的基础。

（苏　湛）

参考文献

1. 邹大海.《墨经》不应为墨子所自著. 安徽史学，2003,(4)：81-86.
2. Nathan Sivin，A.C. Graham. A systematic approach to the Mohist optics (ca. 300 B.C.). In: N. Sivin and Shigeru Nakayama. *Chinese science: Exploration of an ancient tradition*. Cambridge，Mass. (MIT Press)，1973，105-152.
3. 戴念祖. 中国科学技术史 · 物理学卷. 北京：科学出版社，2001，196-200.
4. Olivier Darrigol. *A History of Optics from Greek Antiquity to the Nineteenth Century*. Oxford University Press，2012.
5. （希腊）亚里士多德. 亚里士多德全集 · 第六卷. 北京：中国人民大学出版社，1995，358-359、361.

6. 杂种优势利用

杂种优势是指两种遗传基础不同的生物进行杂交产生的后代在某些性状上优于两个亲本的现象，如农作物的抗逆、早熟、高产或牲畜的耐粗饲、耐劳役、抗病等优势。

最早对杂种优势的利用，中外均首推家畜远缘杂交的成功——骡子的出现。而中国史籍中的记载（“駃騠”，母驴与公马杂交而生出的驴骡）可以将其源头追溯到不晚于东周时期。[1] 东汉许慎的《说文解字》中还进一步明确地说明驴父马母和马父驴母的两种骡。从出土文物来看，新疆西周后期延续到战国末年的阿拉沟、鱼儿沟墓地出土了骡。[2]

除了骡子，中国古代在猪、牛等家畜以及家蚕的育种中，也充分利用了杂种优势，并获得了一定规律性的认识。[3]

20 世纪以来，随着孟德尔遗传定律的重新发现，有关杂种优势的理论研究得以推进，加之多种作物中雄性不育类型的发现，杂种优势在农作物育种实践中的利用逐渐普及。如高粱、玉米、水稻、小麦等主要粮食作物，都是通过直接利用雄性不育系配制杂交种的。

（李 昂）

参考文献

[1] 李源祥. 略述杂种优势源流. 农业考古，1992（1）：9-13.

[2] 黄世瑞. 中国古代对于杂交优势的发现和利用. 寻根，1997（4）：36-37.（文中称英国剑桥大学“费茨威廉”博物馆的青铜器展览室中陈列的一件青铜骡子也是中国战国时期的）

[3] 汪子春. 中国古代对生物遗传性和变异性的认识. 自然科学史研究，1989，8（3）：257-267.

商·骡簋（圈足外底铸有阳文骡子一匹）
陈佩芬，中国青铜器辞典，上海辞书出版社，
2013年，580

骡簋铭文示意图
刘雨，卢岩编著，近出殷周金文集录·第2册，
中华书局，2002年，250

7. 盈不足术

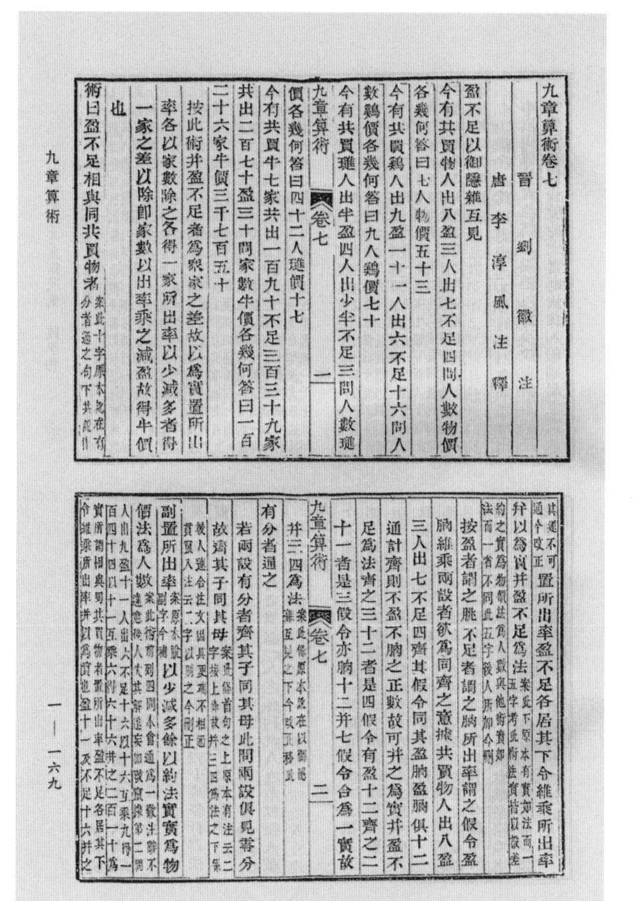
九章算術卷七
晉 劉 徽 注
唐 李 淳 風 法 釋
盈不足以御隱雜互見
今有共買物人出八盈三人出七不足四問人數物價
各幾何答曰七人物價五十三
今有共買雞人出九盈一十一人出六不足十六問人
數雞價各幾何答曰九人雞價七十
今有共買璡人出半盈四人出少半不足三問人數璡
價各幾何答曰四十二人璡價十七
九章算術 卷七 二
今有共買牛七家共出一百九十不足三百三十九家
共出二百七十盈三十問家數牛價各幾何答曰一百
二十六家牛價三千七百五十
按此術并盈不足者爲衆家之差故以爲實置所出
率各以家數除之各得一家所出率以少減多者得
一家之差以除即家數以出率乘之減盈故得牛價
也
術曰盈不足相與同共買物者
置所出率盈不足各居其下令維乘所出率
并以爲實并盈不足爲法
按盈者謂之朓不足者謂之朒所出率謂之假令盈
朒維乘兩設者欲爲同齊之意據共買物人出八盈
三人出七不足四齊其假令同其盈朒盈朒俱十二
通計齊則不盈不朒之正數故可并之爲實并盈不
足爲法齊之三十二者是四假令有盈十二齊之二
十一者是三假令亦朒十二并七假令合爲一實故
九章算術 卷七 三
并三四爲法
有分者通之
若兩設有分者齊其子同其母此問兩設俱見零分
故齊其子同其母
副置所出率以少減多餘以約法實實爲物
價法爲人數
九章算術 一一六九

盈不足术即今盈亏类问题的求解方法。其典型题目是“共买物”问题：设有若干人一起出钱买某物，当每人出 A 钱时，总钱数比物品的价格多（盈）a 钱；当每人出为 B 钱时，不足 b 钱。求人数和物品的价格。

“盈不足”又写作“赢不足”，先秦“九数”中有科目“赢不足”。岳麓书院藏秦简《数》[1]和张家山汉墓出土的西汉初年竹简《算数书》[2]，都有盈不足问题，这些问题的特殊性证明在更早的先秦时代已有盈不足方法的各种形式[3]。盈不足问题构成西汉成书的《九章算术》第七章。

《九章算术·盈不足》书影

《九章算术》记载了盈不足术、两盈两不足术、盈适足不足适足术3条术文，包括盈不足、两盈、两不足、盈适足、不足适足五种情形，前三种情况各有两种方法。如其盈不足术的前一段曰：“置所出率，盈、不足各居其下。令维乘所出率，并以为实。并盈、不足为法。实如法而一。有分者，通之。盈不足相与同其买物者，置所出率，以少减多，余，以约法、实。实为物价，法为人数。”[4] 术文前半部分是求每人出多少钱恰好能买到该物品（刘徽称为不盈不朒之正数）的方法：

$$\text{不盈不朒之正数} = \frac{Ab+Ba}{a+b}$$

术文的后半部分是求解盈不足问题的方法：

$$\text{物价} = \frac{Ab+Ba}{|A-B|}$$

$$\text{人数} = \frac{a+b}{|A-B|}$$

《九章算术》第七章后半章是利用“盈不足术”解决一般问题，即题目本身所涉及数据不具备明显的“盈不足”关系。但对于一般问题，随便假设一个答案，代入原题，必然会或恰好，或盈余，或不足。于是可以任意假设二数为答案，代入原题验算，必有上述五种情形之一，从而可以根据这种情形的相应方法求解。这样，一般数学问题通过两次假设，便会化作一个盈不足问题求解，这就是为什么它在传入阿拉伯地区和欧洲之后被称作双设法。盈不足术实际上是线性插值法，因此它对线性问题可以求出精确解，而对非线性问题只能求出近似解。秦汉数学简牍和《九章算术》的作者及其后来的注释者都未认识到这一点。不过它对求解一些复杂的不容易计算其实根的方程，仍不失为一种有效的求解根的近似值的方法。中国传统数学著作大都含有此内容。

（郭园园）

参考文献

1. 朱汉民，陈松长．岳麓书院藏秦简（贰）．上海：上海辞书出版社，2011，145-150.
2. 张家山二四七号汉墓竹简整理小组．张家山汉墓竹简［二四七号墓］．北京：文物出版社，2001，265-266、272.
3. 邹大海．从《算数书》盈不足问题看上古时代的盈不足方法．自然科学史研究，2007（3）：312-323.
4. 郭书春 汇校．九章筭术新校．合肥：中国科学技术大学出版社，2014，287.

8. 二十四节气

中国传统历法为阴阳合历，二十四节气是阳历的体现。它是将一个回归年长度划分为 24 等份，每一个节点称为一个节气或中气，有时也把每一份的时长称为一节气或中气的时长。其中立春、惊蛰、清明、立夏、芒种、小暑、立秋、白露、寒露、立冬、大雪、小寒 12个为节气；雨水、春分、谷雨、小满、夏至、大暑、处暑、秋分、霜降、小雪、冬至、大寒为中气。节气与中气依次相间排列，统称为二十四节气。中国古代历法一般将 12 中气固定于某一朔望月，比如 11 月对应着冬至中气。而由于一个节气和一个中气合起来的长度大于一个朔望月的长度，故此每经过一段时间，将出现某一个月当中没有中气的情况，中国古历一般将其定为闰月。

最迟在春秋时代，人们就已开始采用正午时圭表测影的方法来确定冬至、夏至，计算春分和秋分。成书于西汉的《周髀算经》中已有二十四节气的完整记载[1] 西汉末年历谱中已有完整的二十四节气。[2]

中国古代最初认为二十四节气是均匀分布的，通过圭表测影得到冬至或夏至日从而得到一年的长度后，将回归年长度等分 24 份，每一个节点为一个节气。这样得到的节气称为平气。如东汉四分历，回归年长度为 365.25 日，朔望月为 $29\frac{499}{940}$，而节气长度为 $365\frac{1}{4}\div 24=15\frac{7}{32}$。至北齐（公元 550—577 年）时，张子信发现太阳运行有疾迟之变，认为“日行在春分后则迟，秋分后则速”。从现代天文学的角度看这一现象在本质上是由地球绕太阳公转的轨道不是正圆造成的太阳一年中黄经位置的变化速度不均匀。以太阳真实的黄经位置确定的二十四节气称为定气。自隋代刘焯（公元544—610年）

的《皇极历》之后，各历多列有包含一年之中太阳不均匀视运动的日躔表。在定朔、交食的计算中，唐初历法即已应用定气作为太阳改正，但是注历依然采用平气。清代采用西洋历法，官修历书改平气为定气注历，即根据太阳的实际位置日躔行度安排节气。采用“定气”注历后，在太阳视运动较快的季节相邻两个中气的时间间隔就会短于一个朔望月长度，由此可能出现一个朔望月包含两个中气的情况，这样在其前或其后的月份虽无中气却不是闰月。❸ 由于其与传统历法存在较大差异，定气注历成为清初中西历争中一个争议的焦点。清初历算家王锡阐、梅文鼎认为传统平气注历符合历法为敬授民时的功用，而采用定气则会导致“置闰之理不明，民乃惑矣”的结果。❹ 不过，他们的反对并没有改变定气注历。

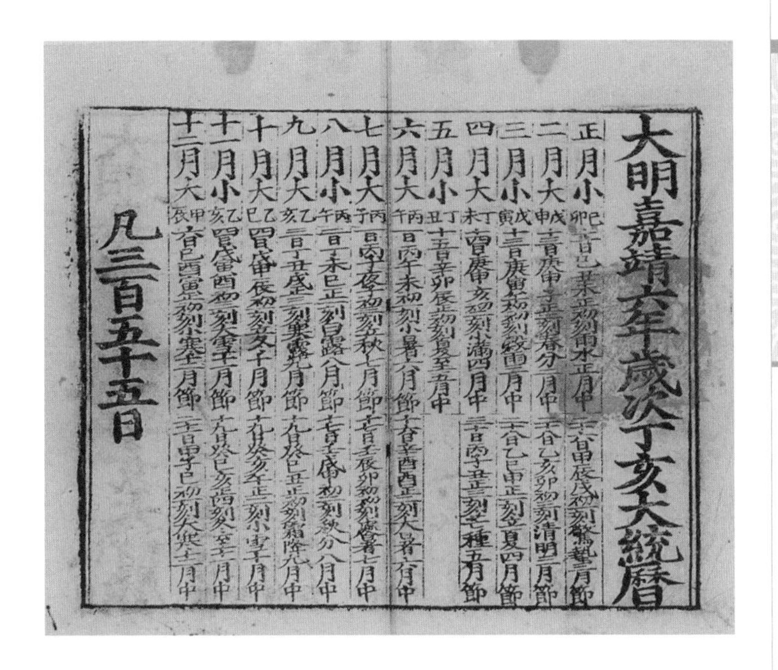
大明嘉靖六年歲次丁亥大統曆

正月小
二月大
三月小
四月大
五月小
六月大
七月大
八月小
九月大
十月大
十一月小
十二月大

凡三百五十五日

大明嘉靖六年岁次丁亥大统历书

中国现行农历中的二十四节气是严格按照太阳黄经确定的。

（王广超）

参考文献

❶ 薄树人. 中国科学技术典籍通汇・天文卷（一）. 郑州：河南教育出版社，1993，238.

❷ 孙小淳. 关于汉代的黄道坐标测量及其天文学意义. 自然科学史研究，2000，19（2）：143-154.

❸ 陈展云. 旧历改用定气后在置闰上出现的问题. 自然科学史研究，1986，5（1）：22-28.

❹ 王广超. 明清之际定气注历之转变. 自然科学史研究，2012，31（1）：26-36.

9. 经脉学说

1973 年，湖南长沙马王堆发掘的一座西汉文帝时期的墓葬，出土了一批简帛文献。其中的一卷帛书，记述了十一条脉的循行路径、病变、诊断及其治疗方面的内容。专家们从文字书写特征分析，推断它们的抄写时代不晚于公元前 3 世纪末。[1] 医史学家发现，它们的内容构成了后世中医经脉学说的基本面貌。

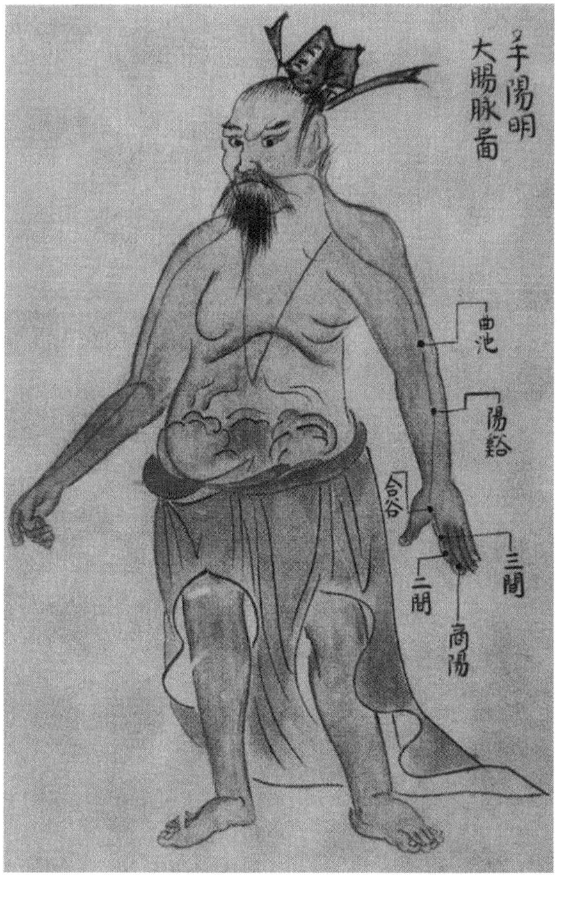

宋・杨介《环中图》手阳明经脉循行分布图
黄龙祥，针灸，人民卫生出版社，2011 年，24

中国古人为什么对脉的循行产生了兴趣？他们又是如何建构脉的路径结构的？目前，学者们尚没有给出令人信服的答案。很可能战国时代气宇宙论的流行，激发了人们关注脉的结构。医家们很早就知道了血脉的存在，但是，不清楚它们的形态结构，更不知道血液循环的机制。在气宇宙论的影响下，他们将心跳和脉搏等，看成是气这种能动的物质带动血液运动的结果。气逆和气滞等，都会带来身体的疾病，对它们的治疗就成为对气血的调节。这时，人们需要了解为气血流注提供管道的脉的循行路径。没有材料表明有关这些脉的循行结构的描述源于对身体的解剖。从学者们的一些研究来看，通过观察体表形态结构和在体表进行触诊与针灸等而发现的一些现象[2]，以及阴阳、术数等观念渗透于对这些现象的观察与解释等[3]，最终让古代医家们构建出了这种脉的学说。

后世的医家们发展了这种早期的脉的学说，形成了更为复杂的经络理论。它的影响也从早期的针灸、导引等方面，扩展到整个中医学。虽然学术界关于经络的实质仍然存在争议，但是一些现代医学临床研究表明，该理论所揭示的一些身体特定部位的联系是客观存在的。例如，针刺手背侧第一第二掌骨之间的合谷穴，可以引起远端的口齿面颊部的相关反应。马王堆出土文献中记述的齿脉，恰好起于次指与大指上，最后在头面部入齿挟鼻。[4]

（韩健平）

参考文献

❶ 马王堆汉墓帛书整理小组. 五十二病方. 北京：文物出版社，1979，182.

❷ 黄龙祥. 针灸学术史纲. 北京：华夏出版社，2001，181-184.

❸ 韩健平. 经脉学说的早期历史：气、阴阳与数字. 自然科学史研究，2004（4）：326-333.

❹ 黄龙祥. 黄龙祥看中医. 北京：人民卫生出版社，2008，31-32.

10. 四诊法

四诊，指中医诊断学中的望、闻、问、切四种诊法。望诊着重观察患者的神色、舌象等。闻诊则包括听患者的咳嗽、呼吸等声音和嗅他们的口气、体气等。问诊通常要了解患者的过去病史，起病原因，身体的寒热，是否出汗，二便的形态，饮食喜恶和劳倦等。切诊包括脉诊和按诊。医家运用手和指端的感觉，对患者体表某些部位进行触摸按压，以了解患者脉象的变化，胸腹的软、硬及痞块之有无，皮肤的肿胀及是否平滑，手足的温凉等。中医强调四诊合参。认为必须把望、闻、问、切四诊所得信息进行全面的分析综合，才能准确地判断疾病的病机所在、寒热虚实、标本缓急，从而正确地指导治疗。❶

望、闻、问、切这四种诊断身体情况的方法，广泛存在于世界上许多民族的医疗活动中。但是，由于各个民族医学对身体的理论预设不同，导致他们通过这四种方法所知觉到的信息呈现出不同的特征。例如，中国古人在脉诊方面，就发展出非常精细的技术。通过手指转换手法触、压脉搏，可以感知到脉的浮沉、虚实、迟数、滑涩、洪细等二十余种脉象。

一些医史学者根据《史记·扁鹊列传》中的记述，将四诊法的发明归功于扁鹊。然而，这种观点是不准确的。有关扁鹊的叙事，我们已经很难鉴别出哪些是口头流传过程中添枝加叶的情节，哪些是信史。❷ 有关四诊法出现的最早证据，来源于马王堆出土的、抄写时代不晚于秦汉之际的一卷帛书。❸ 该帛书中已经有四诊法出现的直接与间接证据。例如，该文献明确记述了一种古老的脉诊方法，

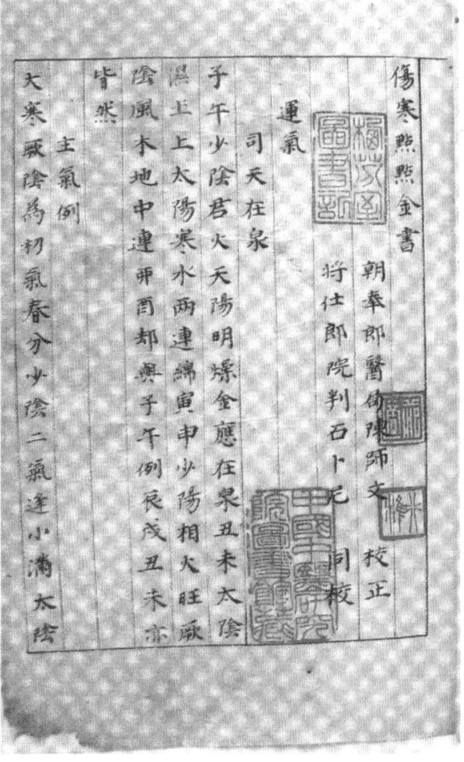
傷寒點點金書
朝奉郎醫學陳師文 校正
将仕郎院判石卜㠯 同校
運氣
司天在泉
子午少陰君火天陽明燥金應在泉丑未太陰
濕土上太陽寒水兩連綿寅申少陽相火旺厥
陰風木地中連卯酉都與子午例辰戌丑未亦
皆然
主氣例
大寒厥陰爲初氣春分少陰二氣逢小滿太陰

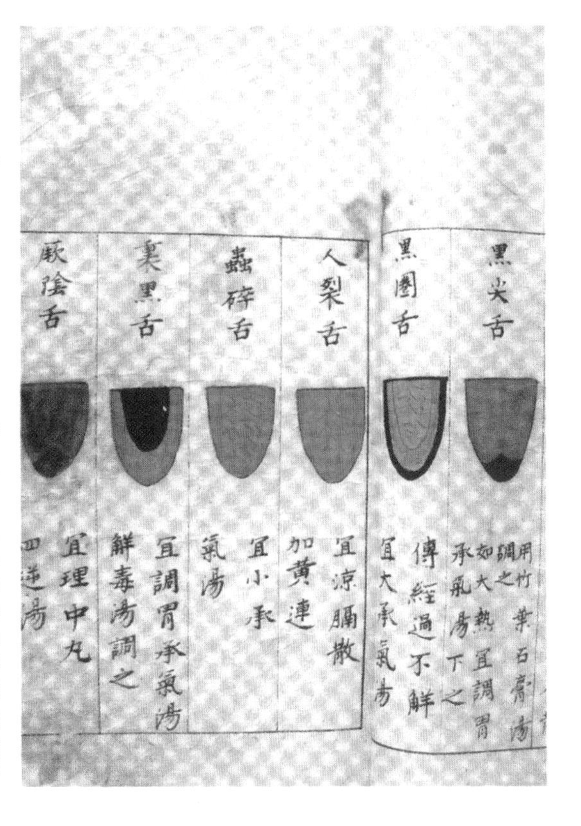

明 •《伤寒点点金书》书影、舌苔图

可以观到脉的盈虚、滑涩、静动等。❹ 因此，中医学意义上的四诊法的出现时代，应当不晚于公元前 3 世纪晚期。

（韩健平）

参考文献

❶ 李经纬，等. 简明中医辞典. 北京：中国中医药出版社，2001，142-143、276、429、759、925.

❷ 韩健平. 传说的神医：扁鹊. 科学文化评论，2007（5）：5-14.

❸ 马继兴，李学勤. 我国已发现的最古医方——帛书《五十二病方》. 见：马王堆汉墓帛书整理小组 编. 五十二病方. 北京：文物出版社，1979，180-182.

❹ 马王堆汉墓帛书整理小组 编. 五十二病方. 北京：文物出版社，1979，21-22.

11. 马王堆地图

马王堆地图是中国早期测绘技术和地图制作技术的杰出代表❶。它是指1973年在湖南长沙马王堆三号汉墓出土的三幅绘于帛上的地图，分别为地形图、驻军图和城邑图，推测绘图时间在汉文帝初元十二年（公元前168年）前。❷

地形图为正方形，边长96厘米，上南下北，图中主要区域是当时的长沙国南部，也就是现在湘江上游的潇水流域、南岭、九嶷山及其附近地区。图上绘有河流、山脉、居民点、道路等，内容丰富、笔法熟练、符号设计具有一定原则，体现出很好的绘制技术。❸

驻军图长98厘米，宽78厘米，上南下北，其中军事内容用红色表示，其他要素用黑、青二色表示，这是我国目前发现的最早的彩色地图，❹图中主要区域位于今湖南南部宁远九嶷山与南岭之间，绘有山脉、河流、居民点，图中着重标出9支军队的驻地、防区、军事设施和行动路线。汉高祖吕后末年，割据岭南的南越王赵佗向长沙国南部发起进攻，朝廷及长沙国随即派兵征剿，❺驻军图可能就是此次征战时使用的一幅地图。

城邑图残破严重，长48厘米，残存部分宽约48厘米，据推测图中内容是长沙国丞相利苍的城邑和墓茔。❻

地形图和驻军图所绘的南岭地区地形复杂，步测无法测出地物间的水平直线距离，但图中主要区域的图形轮廓、河流分布与现代地图均大体接近，因而推测这两幅图均在实地勘测的基础上测绘而成❼，地形图也被认为是目前世界上现存最早的实测地图。❽据文献记载，同时代的罗马也出现了实测的土地勘测图，但是没有保存下来。[9]

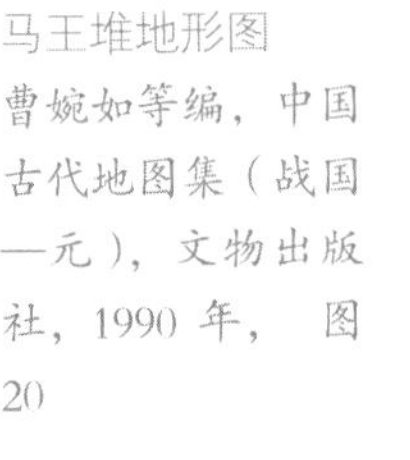

马王堆地形图
曹婉如等编，中国古代地图集（战国—元），文物出版社，1990年，图20

西汉以前，古人已经掌握了“准、绳、规、矩”四种测绘工具，并使用司南测定方位，在应用《周髀算经》中的“重差法”和“日高术”，便可获得测量数据，再依据分率（比例尺），使用统一的图例，将测绘数据绘制于帛上，便可成图。[10]

（张佳静）

参考文献

❶ 葛剑雄. 中国古代的地图测绘. 北京：商务印书馆，1998，55.

❷ 马王堆汉墓帛书整理小组. 长沙马王堆三号汉墓出土地图的整理. 文物，1975（2）：35-42.

❸ 卢良志. 中国地图学史. 北京：测绘出版社，1984，26-39.

❹ 中国科学院自然科学史研究所地学史组. 中国古代地理学史. 北京：科学出版社，1984，289.

❺ 湖南省博物馆，中国科学院考古研究所. 长沙马王堆二、三号汉墓发掘简报. 文物，1974（7）：39-48，62.

❻ 曹婉如，等. 中国古代地图集（战国—元）. 北京：文物出版社，1990，2.

❼ 张修桂. 马王堆驻军图测绘精度及绘制特点研究. 地理科学，1986（4）：357-367.

❽ 中国科学院自然科学史研究所地学史组 主编. 中国古代地理学史. 北京：科学出版社，1984，288.

❾（英）杰里米·哈伍德. 孙吉虹 译. 改变世界的100幅地图. 北京：三联书店，2010，26.

❿ 杨文衡. 试论长沙马王堆三号汉墓中出土地图的数理基础. 见：自然科学史研究所 主编. 科技史文集. 第3辑. 上海：上海科学技术出版社，1980，85-92.

12. 勾股容圆

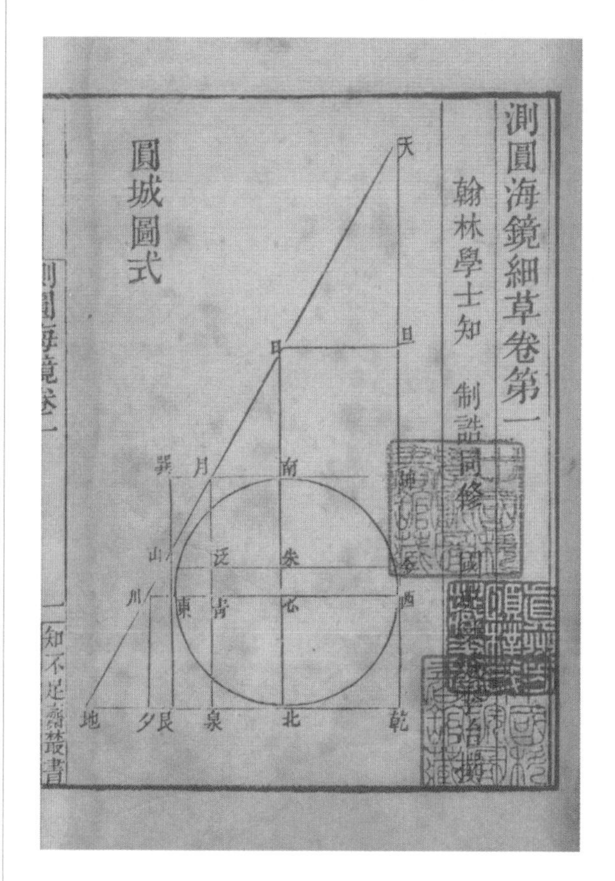

《测圆海镜》书影

勾股容圆是通过勾股形和圆的各种相切关系求圆直径的问题，这是中国数学史上的一个重要问题❶。西汉的《九章算术》勾股章有已知勾股形的勾、股求其内切圆直径的问题，开创了勾股容圆的研究，其给出的公式是“三位（即勾、股、弦）并之为法，以勾乘股，倍之为实，实如法得径一步。”❷此即圆径 $d=\frac{2ab}{a+b+c}$. 刘徽用出入相补原理和率的理论（借助衰分术）两种方法证明了这个公式。

宋金时期，洞渊在此基础上研究了同一个圆和各种勾股形的相切关系，给出了由勾股形的三边求圆径的 9 个公式，称为“洞渊九容”。洞渊是道教的派别，通“九数”，活跃于唐宋。李冶由洞渊九容演绎成《测圆海镜》（1248 年），其中讨论了勾股形与圆的 10 种相切关系，并在卷一之首绘出“圆城图式”。

除《九章算术》中所载情形，还有：圆心在勾上而圆切于股、弦，称为勾上容圆，圆径 $d=\frac{2ab}{b+c}$；同样，股上容圆 $d=\frac{2ab}{a+c}$；弦上容圆 $d=\frac{2ab}{a+b}$；圆心在勾股交点（垂足）而圆切于弦，称为勾股上容圆，

$d=\frac{2ab}{c}$；圆切于勾及股、弦的延长线，称为勾外容圆，$d=\frac{2ab}{b+c-a}$；同样，股外容圆 $d=\frac{2ab}{a+c-b}$，弦外容圆 $d=\frac{2ab}{a+b-c}$；圆心在股的延长线上而圆切于勾、弦的延长线，称为勾外容圆半，$d=\frac{2ab}{c-a}$；同样，股外容圆半 $d=\frac{2ab}{c-b}$. 这 10 种关系中哪 9 种是洞渊九容的内容，尚无足够资料论定。自然，圆城图式也应是洞渊九容的附图，而李冶作了补充。清代李善兰又补充了 3 种容圆关系：勾弦上容圆 $d=\frac{2ab}{b}$，股弦上容圆 $d=\frac{2ab}{a}$，弦外容圆半 $d=\frac{2ab}{b-a}$.

（郭园园）

参考文献

❶ 郭书春. 中国科学技术史 · 数学卷. 北京：科学出版社，2010，409.
❷ 郭书春 汇校. 九章筭术新校. 合肥：中国科学技术大学出版社，2014，389.

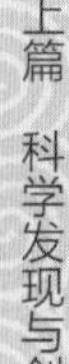

13. 线性方程组及解法

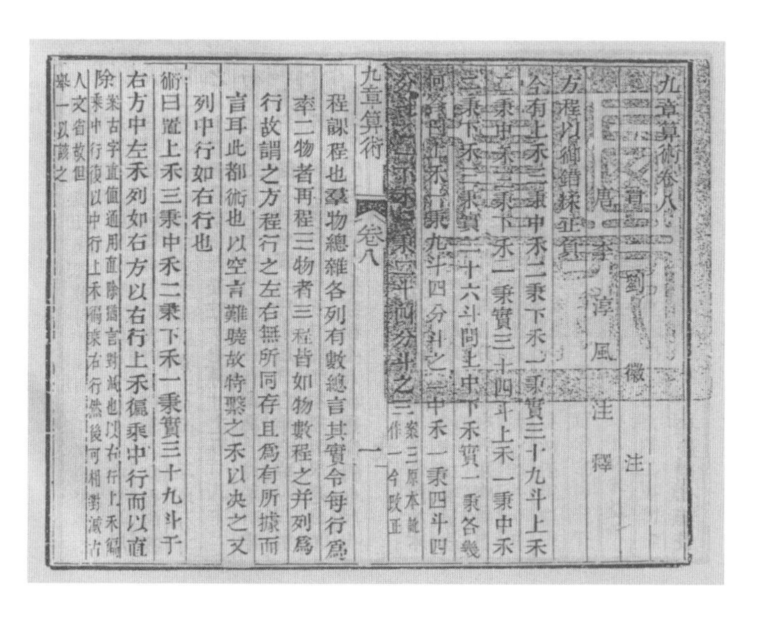
九章算術卷八
魏 劉 徽 注
唐 李 淳 風 注 釋
方程以御錯糅正負
今有上禾三秉中禾二秉下禾一秉實三十九斗上禾
二秉中禾三秉下禾一秉實三十四斗上禾一秉中禾
二秉下禾三秉實二十六斗問上中下禾實一秉各幾
何 荅曰上禾一秉九斗四分斗之一中禾一秉四斗四
分斗之一下禾一秉二斗四分斗之三
九章算術 卷八
程課程也羣物總雜各列有數總言其實令每行爲
率二物者再程三物者三程皆如物數程之并列爲
行故謂之方程行之左右無所同存且爲有所據而
言耳此都術也以空言難曉故特繫之禾以決之又
列中行如右行也
術曰置上禾三秉中禾二秉下禾一秉實三十九斗于
右方中左禾列如右方以右行上禾徧乘中行而以直
除

《九章算术·方程》书影

今之线性方程组解法在中国古代称为“方程”。清末翻译西方代数学著作，将“equation”译成“方程”或“方程式”；1934 年，数学名词委员会确定用“方程（式）”表示 equation，而用“线性方程组”表示中国古代的“方程”；1956 年科学出版社出版的《数学名词》确定“方程”表示 equation，最终改变了中国传统数学术语“方程”的含义。

中国古代“方”的本义是并，“程”是求其标准，故“方程”的本义是“并而程之”，即把诸物之间的各数量关系并列起来，考核其度量标准[1]。公元 3 世纪刘徽注“方程”说：“群物总杂，各列有数，总言其实。令每行为率，二物者再程，三物者三程，皆如物数程之。并列为行，故谓之方程。”[2]《九章算术》方程章提出的方程术是一种普遍解法，只是囿于当时的表达方式，不得不借助于禾实展开。11 世纪初贾宪在《黄帝九章算经细草》中才提出抽象的解法[3]。

若以 x,y,z 分别表示《九章算术》第 1 问中上、中、下禾各一秉的实的斗数，得到线性方程组：$\begin{cases}3x+2y+z=39\\2x+3y+z=34\\x+2y+3z=26\end{cases}$，随后用直除法消元求解。所谓直除法就是整行与整行对减。此处方程的建立及消元变换采用位值制，每个数字不必标出它是什么物品的系数，而是用所在的位置表示，与现代数学中分离系数法一致。《九章算术》方程的表示，相当于列出其增广矩阵，消元过程相当于矩阵变换。例如第1问中的消元求解过程相当于今增广矩阵变换：

$$\begin{bmatrix}1&2&3\\2&3&2\\3&1&1\\26&34&39\end{bmatrix}\Rightarrow\begin{bmatrix}0&0&3\\4&5&2\\8&1&1\\39&24&39\end{bmatrix}\Rightarrow\begin{bmatrix}0&0&3\\0&5&2\\4&1&1\\11&24&39\end{bmatrix}\Rightarrow\begin{bmatrix}0&0&4\\0&4&0\\4&0&0\\11&17&37\end{bmatrix}$$

在求出一个未知数的答案后，采用从该行的实中减去已求出的未知数的相应值的方法求剩余的未知数，相当于现今代入法。公元3世纪刘徽《九章算术注》以齐同原理证明了直除法的正确性。刘徽创造了互乘相消法，与今之方法相同。不过这种方法七八百年间未被重视，直到11世纪初贾宪才将其与直除法并用。南宋秦九韶《数书九章》(1247年)才废止直除法，完全使用互乘相消法。

《九章算术》方程章有的问题所给数量关系不是标准的方程，需要损益术将其化成方程。“损之曰益”是说关系式一端损某量，相当于另一端益同一量。在直除法消元时，或通过损益建立的方程中，都可能出现负数。《九章算术》因此提出了正负术，即正负数加减法则，与今天的方法无异。尽管正负数乘除法则在元代朱世杰的《算学启蒙》中才给出，但实际上《九章算术》已经使用了正负数乘除法。

（郭园园）

参考文献

❶ 郭书春. 中国科学技术史 · 数学卷. 北京：科学出版社，2010，152.
❷ 郭书春 汇校. 九章筭术新校. 合肥：中国科学技术大学出版社，2014，327.
❸ 郭书春. 贾宪的数学成就. 自然辩证法通讯，1989，11(1)：2.

14. 本草学

本草綱目圖卷上
從來圖繪絢飾爲工未暇析其形似是以博物君
子每多樝梨橘柚之疑茲集詳考互訂擬肖逼眞
雖遐方異物按圖可索奚啻多識其名已也
金石部金類
水 金
山 金

明·《本草纲目》图卷（部分）

本草学是研究药物名称、性质、效能、产地、采集时间、入药部位和主治病症的一门传统学科，是中国传统医学中药物学和方剂学的基础。

《神农本草经》是中国现存最早的本草学专著，又称《神农本草》，简称《本草经》、《本经》，托名神农氏撰。其成书年代约在东汉初期，书中载药365种，分上品、中品和下品三品，记述药物的名称、性味、主治、产地、别名等，尤其是提出的君臣佐使、四气五味、七情合和、阴阳配合等药学理论，奠定了中医药物学的基础理论。南朝梁陶弘景编著《本草经集注》载药730多种，分玉石、草、木、虫兽、果、菜、米食、有名无实等类，在分类学上较《神农本草经》有了巨大的进步。唐高宗显庆二年至四年（公元657—659年）苏敬等人奉敕编修的《新修本草》，也称《唐本草》，是中国历史上第一部官修本草学著作，也是世界医学史上第一部国家颁布的药典，全书54卷，载药844种，首次增加了药图和图经的内容，成为后世本草学编撰的模本。唐末五代李珣所撰《海药本草》6卷，载药124种，是我国古代第一部专门介绍和研究海外传入中国药物的著作。北宋元丰五年（1082年）民间医学家唐慎微所撰《经史证类备急本草》，开本草附列医方的先河，收录单方3000余个。明万历六年（1578年）李时珍所撰《本草纲目》，是中

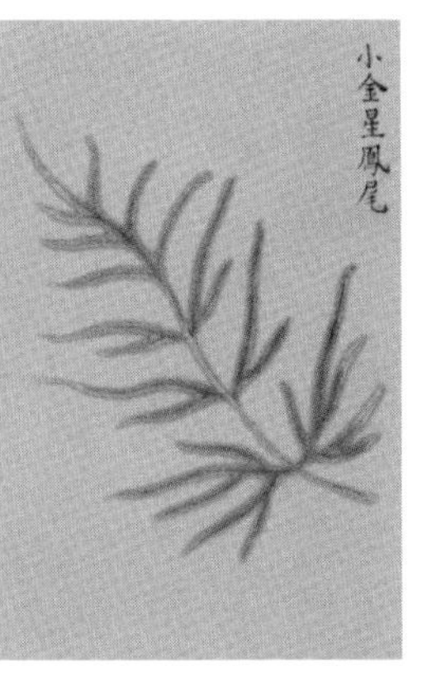

宋·《履巉岩本草》所绘本草图像（部分）

国古代本草学发展的集大成著作，被誉为“东方药物巨典”和“最伟大的本草学著作”❶。全书分16部，60类，收录药物1892种，药方11096个，药图1160幅，在药物分类、释名集解、药性气味、主治发明及随证用药等方面取得了突出的成就，先后传播到朝鲜、日本和欧洲等地，被达尔文誉为“中国百科全书”❷，有多种译本面世。

近现代以来，本草学在内容和体例方面出现了一些新的变化：一是编撰了大量新的本草学著作，如1931年赵燏黄编著《中国新本草图志》、1939年裴鉴编著《中国药用植物志》、1996年中国文化研究会编辑出版《中国本草全书》等。1999年国家中医药管理局主持编纂的《中华本草》，共34卷，共收载药物8980味，是迄今为止所收药物种类最多的一部本草专著；二是本草学分类进一步细化，出现了许多专门的本草学著作，如《海洋本草》、《动物本草》、《香药本草》等。

本草学在不同时期的发展及成就，不仅丰富了传统药物学的内容，而且对于研究农学、植物学、动物学、矿物学、微生物学和化学等提供了极为丰富的资料。

（韩　毅）

参考文献

❶（英）李约瑟 著. 刘巍 译. 中国科学技术史，第六卷，生物学及相关技术·第六分册·医学. 北京：科学出版社，2013，151.

❷（英）达尔文 著. 叶笃庄，方宗熙 译. 达尔文进化论全集，第5卷，动物和植物在家养下的变异. 北京：科学出版社，1996，229.

15. 天象记录

天象，泛指各种天文现象，如天体出没、月球盈亏、日月交食、行星冲合、流星闪逝、彗星隐现、新星爆发、陨星坠落等。中国传统文化的“天人合一”观念，强调“天道”与“人道”、“自然”与“人事”的相通，所以中国古代对天空中出现的各种天象非常重视。近代以前，中国人一直是世界上最勤勉、最精确的天文观测者。历朝历代，皇家天文台都有专职人员日夜不停地观天测候，几乎不漏掉任何突发天象，为后人留下了丰富的天象记录，这些天象记录被视为全人类珍贵的科学遗产。

中国古代的天象记录中，最有价值的是涉及日月食、彗星、太阳黑子、新星等的资料。史书中彗星、流星、新星等记录的详细程度和精确程度，可使现代人根据这些记录精确地确定其位置、亮度和运动变化过程，很多记录对现代天文学研究也有很高的应用价值。

日食记录最突出的应用是研究地球自转速度的变化。利用现代推算的某次日食同历史上这次日食的实际观测数据比较，可以得出可靠的地球自转长期变化情况。历史拥有的可靠日食记录主要来自中国，❶ 中国有的日食记录已成为经典，如《尚书》中记载的日食被称作“书经日食”,《诗经》记载的被称作“诗经日食”等。

中国历史上有 1000 多次的彗星记录❷，最早的见于《春秋》鲁文公十四年（公元前 613 年）“秋七月，有星孛入于北斗”，而且已经把彗星看作是天体了。相比之下，西方从亚里士多德开始直到 16 世纪一直把彗星看作大气中的燃烧现象。

《汉书·五行志》记载的公元前 28 年的太阳黑子：“三月己未，日出黄，有黑气，大如钱，居日中央。”时间、位置、大小俱全，而

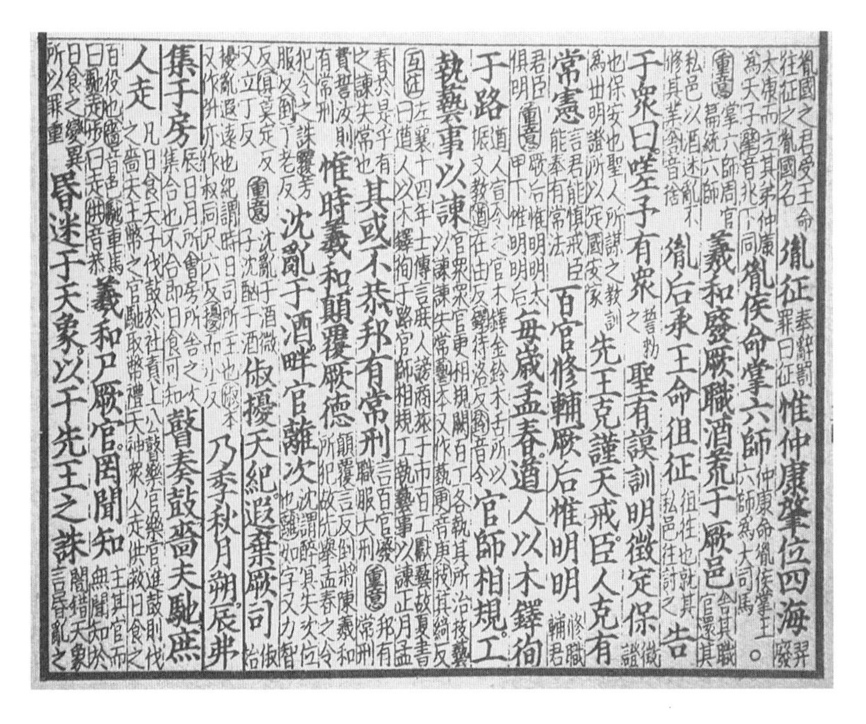

《尚书》中的日食记录

西方直到伽利略利用望远镜才真正确认了黑子的存在。[3]

自商代到17世纪末，中国史料上记载了90多颗新星、超新星事件，是世界上非常珍贵的天象记录。20世纪50年代，中国天文学史家席泽宗整理发表的《古新星新表》，详尽考查了这些记录，为那时射电天文学的一系列重大发现提供了有力的历史材料，为现代恒星演化理论做了非常重要的印证，在国际天文学界引起了轰动。[4]这是中国古代天象记录应用最精彩的篇章，被誉为20世纪中国人对世界天文学的最大贡献。[5]

（王玉民）

参考文献

1. 吴守贤. 夏仲康日食年代确定的研究史略. 自然科学史研究，2000（2）：122.
2. 庄威凤，王立兴. 中国古代天象记录总集. 南京：江苏科技出版社，1988，前言.
3. 中国天文学史整理研究小组. 中国天文学史. 北京：科学出版社，1981，143.
4. 席泽宗. 古新星新表. 天文学报，1955，3（2）：183-196.
5. O. Struve，V. Zebergs. *Astronomy of the 20th Century*. New York：The Macmillan Company. 1962.

16. 方剂学

方剂学是在中医学理论的指导下，研究治法与方剂的配伍规律及其临床运用的一门传统学科，内容包括方剂的基本理论与沿革、方剂的分类与治法、方剂的组成与变化、方剂的剂型和用法等，是中医学理、法、方、药的重要组成部分，也是中国传统医学中最重要的发明之一。

方剂古称“汤液”。方剂之名始见于《梁书·陆襄传》，其组成原则和配伍是按《黄帝内经》提出的“君、臣、佐、使”理论，选择合适的药物配制而成，并按药味、药量和剂型增减变化。方剂的分类，主要有病证分类、组成分类、治法分类、剂型分类、临床学科分类等。方剂的传统剂型有汤剂、丸剂、散剂、膏剂、丹剂、锭剂、酒剂、条剂、线剂和栓剂等。方剂的治法有汗法、吐法、下法、和法、温法、清法、消法和补法“八法”。

先秦至两汉时期方剂学形成并得到初步发展。中国最早的方剂著作是《汉书·艺文志》所载“经方”类医书，但俱已亡佚。马王推汉墓出土医书《五十二病方》是迄今发现最早的一部医学方书，载方 283 首，以病统方，有内服和外用之分。《黄帝内经》提出了有关药物辨证、治则治法、组方原则和组方体例等理论，尤其是书中提出的“君、臣、佐、使”组方理论，以及将方剂分成奇、偶、缓、急、大、小、重方“七方”，奠定了方剂学的理论基础；全书载方 13 首，剂型有汤、丸、散、膏、酒等。东汉末年张仲景撰《伤寒杂病论》创立了“六经辨证”施治原则，奠定了中医学理、法、方、药的理论基础；全书载方 314 首，被后世誉为“方书

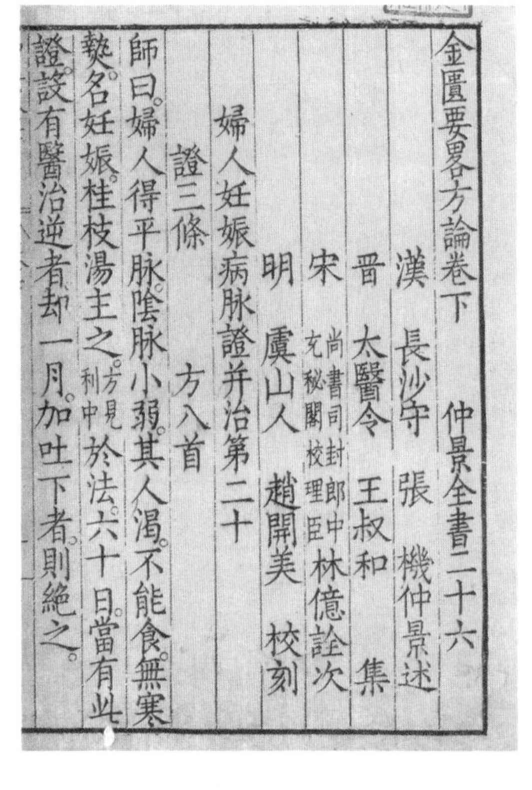
金匱要畧方論卷下　仲景全書二十六
漢　長沙守　張　機仲景述
晋　太醫令　王叔和　集
宋　尚書司封郎中充秘閣校理臣林億詮次
明　虞山人　趙開美　校刻
婦人妊娠病脉證并治第二十
證三條　方八首
師曰婦人得平脉陰脉小弱其人渴不能食無寒熱名妊娠桂枝湯主之方見利中於法六十日當有此證設有醫治逆者却一月加吐下者則絕之

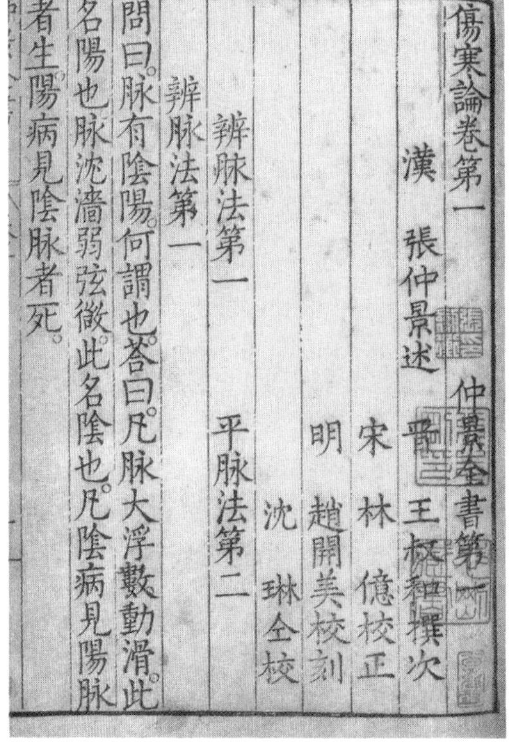
傷寒論卷第一　仲景全書第一
漢　張仲景述　晋　王叔和撰次
宋　林　億校正
明　趙開美校刻
沈　琳仝校
辨脉法第一　平脉法第二
辨脉法第一
問曰脉有陰陽何謂也答曰凡脉大浮數動滑此名陽也脉沈濇弱弦微此名陰也凡陰病見陽脉者生陽病見陰脉者死

汉·张仲景《金匮要略方论》、《伤寒论》书影

之祖”❶。

魏晋南北朝至隋唐时期方剂学获得重要的发展。晋葛洪撰《肘后备急方》载方 101 首，收录了大量救治急病的简、廉、便、验方剂。晋末刘涓子撰《刘涓子鬼遗方》，载方 140 首，收录了主治金疮、痈疽、疥癣等方剂，为现存最早的外科方书。北齐徐之才《药对》提出了“十剂”之说，“药有宣、通、补、泻、轻、重、涩、滑、燥、湿十种，是药之大体”。唐孙思邈撰《备急千金要方》载方 5300 余首，《千金翼方》载方 2200 余首，在以病症类方的同时，又以脏腑为目，不仅对以后脏腑辨证的发展产生了重要的影响，而且也多有创新之剂，为现存“中国最早的临床百科全书”❷。王焘撰《外台秘要方》，收方约 6000 余首，保存了秦至唐中期 56 位著名医家方论。

宋代至明清是方剂学发展的繁盛时期，不仅方书的卷帙和方剂数量巨大，而且理、法、方、药的结合更加成熟。宋王怀隐等敕撰

六朝至隋唐间·佚名撰《备急单验药方》

《太平圣惠方》，载方16834首，是现存最早的一部官修方剂学著作。宋徽宗等敕编《政和圣济总录》，载方20000余首，是政府官修的又一部大型医学全书。官修《太平惠民和剂局方》，载方788首，是中国历史上第一部由政府编撰的成药药典。寇宗奭《本草衍义》在“十剂”基础上，增加“寒、热”二剂，将药物按功效分为“十二剂”。金成无己撰《伤寒明理药方论》，提出了“是以制方之体欲成七方之用者，必本于气味生成，而制方成焉”的重要观点，把方剂学理论推进到一个新的阶段。明朱橚编修的《普济方》，载方61739首，是中国历史上最大的方剂学著作。吴昆撰《医方考》是方剂学史上第一部方论专著，精选历代良方780余首，阐述其组成、方义、功用和主治等。清汪昂撰《医方集解》，载方800余首，分补养、发表、涌吐之剂及救急良方等22法，开创了新的方剂功能分类法。

近现代以来，方剂学出现了总结历代医方和现代实验研究的趋势，方剂理论研究、方剂应用范围和方剂剂型改进等取得显著的进步。

（韩　毅）

参考文献

❶（梁）陶弘景 撰. 尚志钧，等 辑校. 本草经集注，卷1，序录. 北京：人民卫生出版社，1994，24.

❷ 陈远，等. 世界百科名著大辞典，自然和技术科学. 济南：山东教育出版社，1992，828.

17. 制图六体

制图六体是东晋时期裴秀提出的绘制地图时需要遵守的六项准则❶。裴秀（公元223—271年），字季彦，晋河东（今山西省闻喜县）人。青年时代因才华出众深得晋武帝赏识，官至司空（相当于宰相），除管理政务外，还兼管地图。裴秀曾绘制《禹贡地域图》18篇，地图早已经散佚，只有《禹贡地域图》的序流传至今。在序中，裴秀在总结前人制图经验的基础上，结合自己亲身体验，归纳了绘制地图的准则，史称“制图六体”：“一曰分率，所以辨广轮之度也。二曰准望，所以正彼此之体也。三曰道里，所以定远近之数也。四曰高下，五曰方邪，六曰迂直，此三者，各因地而制宜，所以校夷险之异也。”❷

“分率”指比例尺，“准望”指确定方位的坐标系❸，“道里”指地物之间的水平直线距离❹。高下，方邪，迂直，分别是说人行的道路有高低、方斜、迂直的不同，要根据实际地理状况因地制宜地求出地物之间的水平直线距离：逢高（AB）取下（AC），逢方（DEF或DGF）取斜（DF），逢迂（HPQMN）取直（HN）（如下图）。❺

裴秀的“制图六体”，为中国传统地图学奠定了理论基础。❻“制图六体”内容上有主次之分，彼此之间又互相联系、互为制约，这个理论一直指导着中国传统制图学的发展。唐代贾耽和北宋沈括在

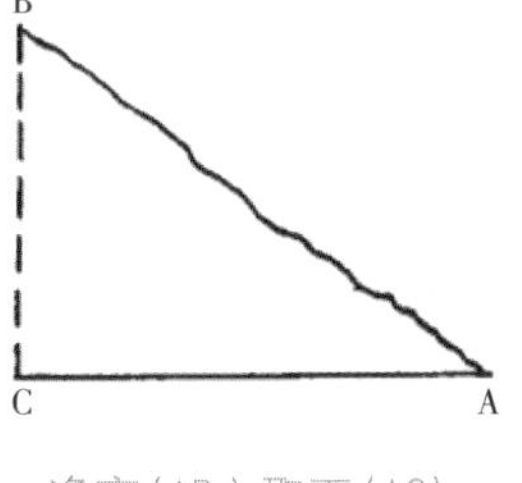

逢高（AB）取下（AC）

逢方（DEF或DGF）取斜（DF）

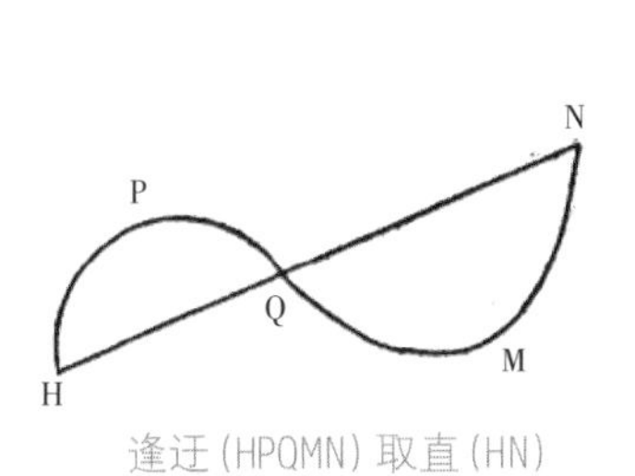

逢迂（HPQMN）取直（HN）

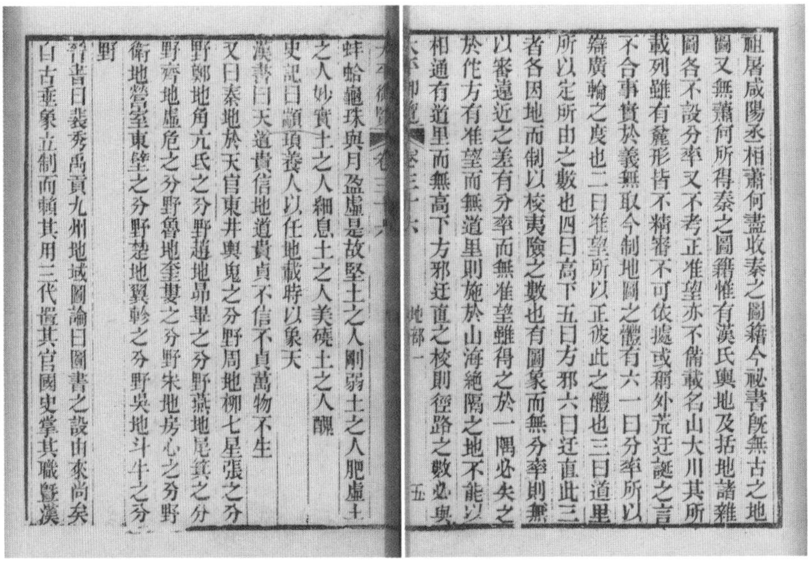
祖屠咸陽丞相蕭何盡收秦之圖籍今祕書既無古之地
圖又無蕭何所得秦之圖籍惟有漢氏輿地及括地諸雜
圖各不設分率又不考正准望亦不備載名山大川其所
載列雖有麄形皆不精審不可依據或稱外荒迂誕之言
不合事實於義無取今制地圖之體有六一曰分率所以
辯廣輪之度也二曰准望所以正彼此之體也三曰道里
所以定所由之數也四曰高下五曰方邪六曰迂直此三
者各因地而制以校夷險之數也有圖象而無分率則無
以審遠近之差有分率而無准望雖得之於一隅必失之
於他方有准望而無道里則施於山海絕隔之地不能以
相通有道里而無高下方邪迂直之校則徑路之數必與
太平御覽 卷三十六 地部一 五

太平御覽 卷三十六
蚌蛤龜珠與月盈虛是故堅土之人剛弱土之人肥壚土
之人好實土之人細息土之人美秏土之人醜
史記曰顓頊養人以任地載時以象天
漢書曰天道貴信地道貴貞不信不貞萬物不生
又曰秦地於天官東井輿鬼之分野周地柳七星張之分
野鄭地角亢氐之分野趙地昴畢之分野燕地尾箕之分
野齊地虛危之分野魯地奎婁之分野宋地房心之分野
衛地營室東壁之分野楚地翼軫之分野吳地斗牛之分
野
晉書曰裴秀禹貢九州地域圖論曰圖書之設由來尚矣
自古垂象立制而賴其用三代置其官國史掌其職暨漢

《太平御览》中有关“制图六体”的记载

绘制地图时，就受到裴秀“制图六体”的影响。“制图六体”中除了经纬线和地图投影尚未涉及外，其他有关平面地图绘制的重要原则，都扼要地提出来了，因此裴秀堪称中国传统地图学的奠基人[7]和中国科学制图学之父[8]。

（张佳静）

参考文献

❶ 中国科学院自然科学史研究所地学史组. 中国古代地理学史. 北京：科学出版社，1984，291-292.

❷（唐）房玄龄，等 撰. 晋书. 第四册. 卷 35. 北京：中华书局，1974. 1040.

❸ 韩昭庆. 制图六体新释、传承及与西法的关系. 清华大学学报（哲学社会科学版），2009（6），110-115.

❹ 辛德勇. 准望释义——兼谈裴秀制图诸体之间的关系以及所谓沈括制图六体问题. 见：唐晓峰 主编. 九州. 第 4 辑. 北京：商务印书馆，2007，243-276.

❺ 中国科学院自然科学史研究所地学史组. 中国古代地理学史. 北京：科学出版社，1984，291.

❻ 曹婉如. 中国古代地图测绘的理论与方法初探. 自然科学史研究，1983，2（3）：246-257.

❼ 中国科学院自然科学史研究所地学史组. 中国古代地理学史. 北京：科学出版社，1984，291-292.

❽ 李约瑟. 中国科学技术史. 第五卷. 第一册. 地学 · 地理学和制图学. 北京：科学出版社，1976，108.

18. 律管管口校正

无论东方还是西方，音乐学是古代声学研究的重要组成部分，其中最基础性的工作之一是利用音高标准器确定标准音高。音高标准器是一个可以一定频率振动、发出该频率声波的发声器物。鉴于音阶中各音的频率间存在着特定的数列关系，在标准音高确定后，理论上可以很容易地通过改变音高标准器的振动频率得到整个音阶。

古代西方的音高标准器以弦线为主，其振动频率主要由弦长决定，通过改变弦长可以准确地生成其他乐音。[1]古代中国也采用过弦线式音高标准器，但由于主要使用蚕丝、马尾、动物筋腱等有机材料制造弦线，易因环境湿度、温度的变化而影响音准，因此中国古代的音乐家们发明了独特的用弦线和律管相结合来确定音调的方法。❶

律管是一根两端开口的管子，从一端向管中吹

气时空气在管中振动形成驻波，发出声音。驻波的振动频率由管内空气柱的长度决定，因此律管的长度不同，发出的音高也不同。古人用不同长度的律管确定音高，每一根律管对应一个音，最常见的是将一个八度音程划分成十二个音，即所谓“十二律”，因此需要十二根律管。

与弦线相比，律管的优点是音准受环境因素影响小。但是与弦线不同的是，弦线的两端是固定的，它的有效振动长度就是弦长，其固有频率与弦长精确地成反比；而律管的两端是开放的，并且由于空气振动的惯性，在律管中振动的空气柱的有效长度并不是精确地等于律管长度，而总是略长于律管。这就导致按照与弦线同样的比例规则制造的律管，其实际的固有频率并不符合这一比例，从而令音高失准。要想让律管准确发声，就必须在基本的长度比例公式的基础上对它们进行进一步调整，使它们的实际固有频率之比回到

马王堆汉墓出土的律管
湖南省博物馆等编，长沙马王堆一号汉墓（上、下集），文物出版社，1973 年，183

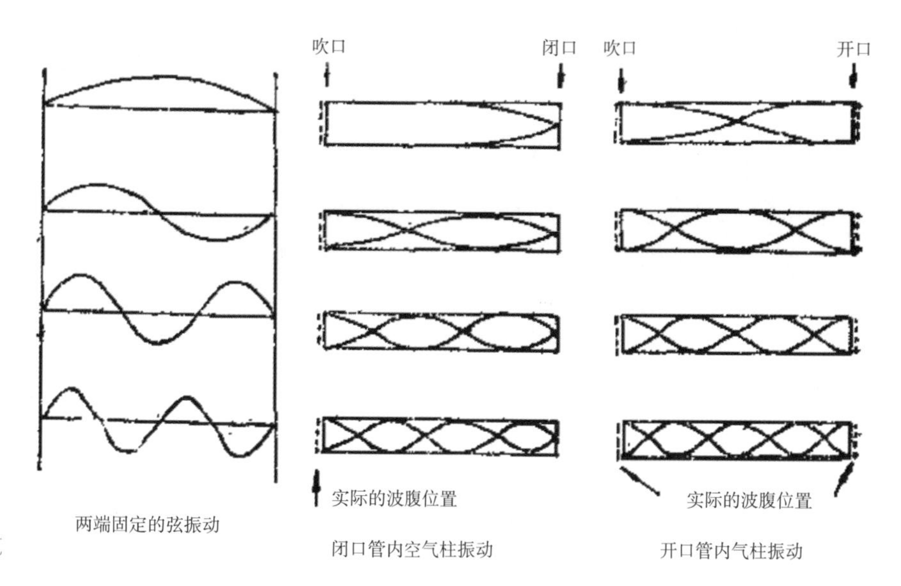

弦与管的振动模式

正确的数值上来，这就是管口校正。❷

律管制造中的这一问题早在东汉就已经被认识到了。东汉学者京房称："竹声不可以度调"，[2]指的就是按照严格的数学比例制造律管却无法得到准确音阶的问题。而要对律管进行管口校正，主要有两个办法，一是改变律管的直径，二是改变律管的长度。最先通过改变律管长度成功完成管口校正的是西晋的荀勖。公元274年，他创制了一套十二只律笛作为音高标准器，并给出了每个笛孔开孔位置的详细计算方法，其中包括进行管口校正的长度修正公式。

与通过调整长度进行管口校正相比，通过改变直径进行管口校正的探索要艰难得多。西晋的孟康最早意识到可以通过让12只律管的直径取不同值来构成准确的音阶，并给出了律管长度与直径的具体数列。但这一成果既未被当时的朝廷采纳，也没得到学者们的普遍认同。直到11世纪中叶，北宋景祐（1034—1038年）初年，胡瑗和阮逸才再次采用缩小管径的方法校正管口，并首次详尽记述了整套律管的管长、管径等参数。

管口校正是由于使用律管作为音高标准器而导致的中国声学史上独有的问题。对于管口校正规律的本质和成因，当时的中国学者们理解的并不像现代那样清晰，但他们利用半经验的方法找到了通过改变管长和缩小管径两种校正管口的方法，进一步推进了对有关音律的数学规律的认识。并且他们的研究成果对后来朱载堉发明十二等程律也有重要启发。

（苏　湛）

参考文献

❶ 戴念祖．中国声学史．石家庄：河北教育出版社，1994，345-346．

❷ 戴念祖．中国声学史．石家庄：河北教育出版社，1994，347．

注释

[1] Boethius．De Institutione Musica．

[2] 后汉书 · 律历志

19. 敦煌星图

敦煌星图有两种，分别为甲本和乙本。

敦煌星图甲本是世界上现存星图中最古老、星数最多的星图。此星图绘制于唐中宗时期（公元 705—710 年），除有名无星者外，图上实有星数 1339 颗。此图是一长卷敦煌经卷的一部分，现藏于英国国家图书馆。❶

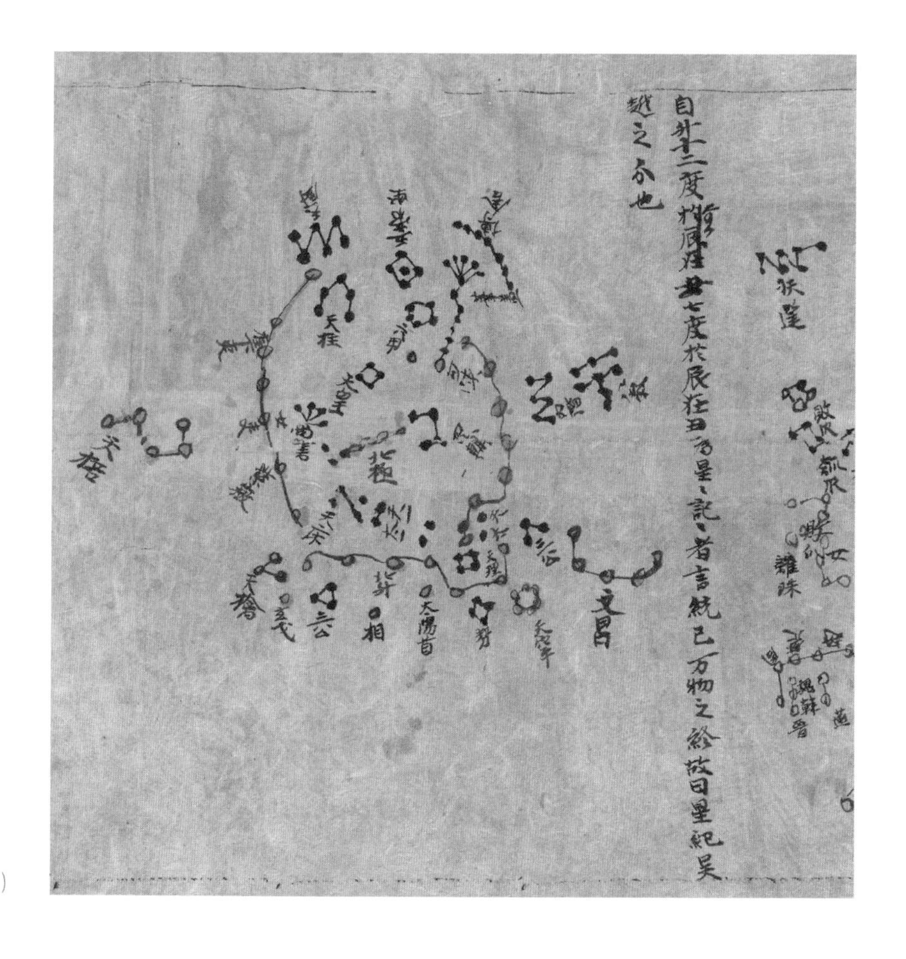

敦煌星图（局部）

此星图上的星点用黑色、橙黄色、圆圈和外圆圈内橙黄点等多种形式标注。黑点用以表示甘德星，其余形式通用于石申和巫咸星。甘德星、石申和巫咸星是中国较早的几家星表，与占星体系紧密相关。敦煌星图甲本分赤道和北极两部分，赤道部分采用了类似墨卡托圆柱投影的画法，是一种横图，将沿赤道的星按照十二次的顺序分段排列为 12 个月的星图各一幅。每幅图下各有太阳位置及昏旦中星的说明，基本沿用《礼记·月令》的说法。图中十二次的起讫度数和《晋书·天文志》所录陈卓的大体一致，其中的分野说明文字与李淳风《乙巳占》卷三分野第十五的说明文字基本相同。[3] 北极部分的紫微垣是按照以北极为中心的圆图的方法绘制的。

敦煌星图乙本现藏甘肃省敦煌县文化馆，是在一残缺的长卷中的一幅紫微垣及附近的星图，残破较严重。该图以黑色星点代表甘德星，以赤色星点代表石申、巫咸星。抄写年代当在晚唐到五代时期。[4]

（王广超）

参考文献

❶ 席泽宗. 敦煌星图. 北京：文物出版社，1966（3）：27-38.
❷ 陈美东. 中国古星图. 沈阳：辽宁教育出版社，1996.
❸ 徐振韬. 中国古代天文学词典. 北京：中国科学技术出版社，2009.
❹ 马世长. 敦煌写本紫微垣星图. 见：中国社会科学院考古研究所 编. 中国古代天文文物论集. 文物出版社，1989，199-210.

20. 潮汐表

潮汐通常指由于月球和太阳的引力而产生的水位定期涨落的现象❶。中国古代很早就开始系统编制潮汐表，至唐、宋时期达到鼎

濤沃日為之陰下有蛟龍百尺深若比人間惡風浪長江風浪本無心　李泰伯憶錢塘江詩

云昔年乘醉舉歸帆隱隱前山日半銜好是蒲江涵返照水仙齊着淡紅衫

潮候　至和三年八月十三日將仕郎將作監主簿監浙江稅場呂昌明重定

春秋同

初一	十六	午末	大	夜子正
初二	十七	未初		夜子末
初三	十八	未正		夜丑初
初四	十九	未末	大	夜丑末
初五	二十	申正	下岸	夜寅初
初六	廿一	寅末	漸大	晚申末
初七	廿二	卯初	漸小	晚酉初
初八	廿三	卯末		晚酉正
初九	廿四	辰初	小	晚酉末
初十	廿五	辰末	交澤	晚戌正

《淳祐临安志·卷十·浙江四时潮候图》

盛阶段，唐宋潮汐表的编制时间早于欧洲最早的伦敦桥涨潮表。潮汐表分为理论潮汐表（即天文潮汐表）和实测潮汐表两种。

公元762—779年，窦叔蒙完成一部研究海洋潮汐的《海涛志》，又名《海峤志》，这是中国现存最早的潮汐学专著[2]。在书中，他依据潮月同步原则，应用天文历算法，计算了自唐宝应二年（公元763年）冬至，上推79379年的冬至之间的潮汐循环次数。此外，还制作了一种便于查阅一个朔望月中各日各次潮汐（高潮）时辰的涛时图，被称为《窦叔蒙涛时图》，此推算图为理论潮汐表[3]。《海涛志》中记载："涛时之法，图而列之。上致月朔、朏、上弦、盈、望、虚、下弦、魄、晦。以潮汐所生，斜而络之，以为定式。循环周始，乃见其统体焉，亦其纲领也"[4]。图表横轴是月相变化，纵轴为十二时辰。把代表月相和此月相时的月亮经过上、下中天（即，潮汐出现高潮时）的时辰坐标连接成斜线，就构成一个朔望月的潮时推算图[5]。

宋代张君房继承和发展了《窦叔蒙涛时图》，对横纵坐标的时间单位进行了更为精细的划分，绘制出《张君房潮时图》[6]。《潮说》中记载："今循窦氏之法，以图列之，月则分宫布度，潮则著辰定刻，各为其说。行天者以十二宫为准，泛地者以百刻为法"[4]。此外，他还推算出潮时逐日推迟约3.363刻（当时规定一天为100刻）。后来，燕肃（约960—1040年）考虑到大尽（大月30天）、小尽（小月29天），所以采用了两个潮汐逐日推迟数，即，大尽为3.72刻，小尽为3.735刻，从而使推算更加准确[7]。

燕肃之后，理论潮汐表未见明显进步，实测潮汐表则迅速发展起来[8]。鉴于各地区地形、水文等存在差异，实际潮时与理论推算有出入，在这种情况下，区域性的实测潮汐表则显得更为实用，其中水平最高的当推钱塘江潮汐表[9]。1056年吕昌明编制了钱塘江的日子末三日丑時四日丑末五日寅時六日寅末七日卯時八日卯末加以時有交變氣有盛衰而潮之所至亦因之爲大小當卯酉之月則陰陽之交也氣以交而盛故潮之大也獨異於餘月當朔望之後則天地之變也氣以變而盛故潮之大也獨異於餘日今海中有魚獸殺取皮而乾之至潮時則毛皆起豈非氣感而類應之自然歟每仲秋既望潮怒特甚杭人執旗泅水上以迓子胥弄潮之戲蓋始於此往往有沈沒者　治平中郡守蔡端明作戒弄潮文斗牛之分吳越之中惟江濤最雄乘秋風而益怒乃其俗習於此觀遊厥有善泅之徒競作弄潮之戲以父母所生之遺體投魚龍不測之深淵自爲矜誇時或沉溺精魄永淪於泉下妻孥望哭於水濱生也有涯盡終於天命死而不弔重棄於人倫推予不忍之心伸爾無窮之戒所有今年觀潮並依常例其軍人百姓輒敢弄潮必行科罰　熙寧中兩浙察訪使李承之　奏請禁止然終不能遏也

潮候

春秋同

初一	十六	午末	大	夜子正
初二	十七	未初	大	夜子末
初三	十八	未正	大	夜丑初
初四	十九	未末	大	夜丑末
初五	二十	申正	下岸	夜寅初
初六	二十一	寅末	漸大	晚申末
初七	二十二	卯初	漸小	晚酉初
初八	二十三	卯末	漸小	晚酉正
初九	二十四	辰初	小	晚酉末
初十	二十五	辰末	交澤	晚戌正
十一	二十六	巳初	起水	夜戌末
十二	二十七	巳正	漸大	夜亥初
十三	二十八	巳末	漸大	夜亥正
十四	二十九	午初	漸大	夜亥末
十五	三十	午正	極大	夜子初

夏

初一	十六	午末	大	夜子正
初二	十七	未初	大	夜子末
初三	十八	未正	大	夜丑初
初四	十九	未末	大	夜丑正
初五	二十	申初	下岸	夜丑末
初六	二十一	寅初	小	晚申正
初七	二十二	寅末	小	晚申末
初八	二十三	卯初	小	晚酉初
初九	二十四	卯末	小	晚酉正
初十	二十五	辰初	交澤	晚酉末
十一	二十六	辰末	起水	夜戌初
十二	二十七	巳初	漸大	夜戌末
十三	二十八	巳末	漸大	夜亥初
十四	二十九	午初	漸大	夜亥末
十五	三十	午末	大	夜子初

冬

初一	十六	午末	大	夜子初
初二	十七	未正	大	夜子末
初三	十八	未末	大	夜丑初
初四	十九	申初	大	夜丑末
初五	二十	申正	下岸	夜寅初
初六	二十一	寅末	漸小	晚申末
初七	二十二	卯初	小	晚酉初
初八	二十三	卯末	小	晚酉正
初九	二十四	辰初	小	晚酉末
初十	二十五	辰末	交澤	夜戌初
十一	二十六	巳初	起水	夜戌正
十二	二十七	巳正	漸大	夜戌末
十三	二十八	巳末	漸大	夜亥初
十四	二十九	午初	漸大	夜亥正
十五	三十	午正	漸大	夜亥末

捍海塘

江挾海潮爲杭人患其來已久白樂天刺郡日嘗爲文禱于江神然人力未及施也至梁開平四年八月錢武肅始築捍海塘在候潮通江門之外潮水晝夜衝激版築不就因命強弩數百以射濤頭備史　又致禱于胥山祠仍爲詩一章函鑰置海門山府志云爲報龍王及水府錢江借取築錢城既而潮水避錢塘東擊西陵遂造竹落積巨石植以大木隄岸既成久之乃爲城邑聚落凡今之平陸皆昔時江也潮水衝突不常隄岸屢壞　大中祥符五年郡守戚綸與兩浙轉運使陳堯佐申請遣使自京師部埽匠壕寨赴州以埽岸易柱石之制雖免水患而衆頗非其變法七年　詔江淮發運使李溥同内供奉官盧守懃按視復依錢氏立木積石之制仍令守懃專掌其事是時水方大溢九年郡守馬亮禱于子胥祠下明日潮爲之却又漲橫沙數里隄遂以成　景祐中隄復壞兩浙轉運使張夏作石隄十二里因

宋本《咸淳临安志·卷三十一·浙江四时潮候图》

实测潮汐表——《浙江四时潮候图》，该表分春秋、冬、夏三部分，记录每天高潮的时辰[10]。明清实测潮汐表编制工作有了更大发展，各重要海区都编制了形式多样的实测潮汐表[11]。

（马敏敏）

参考文献

1. 中国社会科学院语言研究所词典编辑室．现代汉语词典．第6版．北京：商务印书馆，2005，154.
2. 路甬祥．走进殿堂的中国古代科技史·上册．上海：上海交通大学出版社，2009，104.
3. 宋正海．潮起潮落两千年：灿烂的中国传统潮汐文化．深圳：海天出版社，2012，85-86.
4. （清）俞思谦．海潮辑说．卷上．北京：中华书局，1985.
5. 中国科学院自然科学史研究所地学史组．中国古代地理学史．北京：科学出版社，1984，255.
6. 李文渭，徐瑜．北宋张君房《潮说》与“月迟算潮法”．山东海洋学院学报，1979（2）：106-112.
7. 中国科学院自然科学史研究所地学史组．中国古代地理学史．北京：科学出版社，1984，257.
8. 宋正海．潮起潮落两千年：灿烂的中国传统潮汐文化．深圳：海天出版社，2012，91.
9. 宋正海，孙关龙．图说中国古代科技成就．杭州：浙江教育出版社，2000，129.
10. 宋正海．潮起潮落两千年：灿烂的中国传统潮汐文化．深圳：海天出版社，2012，97.
11. 宋正海，孙关龙．图说中国古代科技成就．杭州：浙江教育出版社，2000，130.

21. 中国珠算

南宋刘胜年所绘《茗园赌市图》中的算盘

中国珠算是以算盘为工具，运用口诀通过手指拨动算珠进行加、减、乘、除和开方等运算的计算技术。算盘以木制为多，由框、档、梁和上珠组成。长方形框中纵向安柱，称为档。每档贯珠若干，被一称为“梁”的横木隔开，一般上珠二下珠五，梁下珠作一，梁上珠作五。算盘以档定位，左档各珠皆为相邻右档之十倍，逢十进一。拨珠靠梁计数，珠靠档时不计数。用姆、食、中三指拨珠，进行各种运算。

“珠算”一词首次出现于东汉数学家徐岳所著《数术记遗》（公元 190 年），该书后由数学家甄鸾（公元 535 年前后）作注。《数术记遗》载：“珠算，控带四时，经纬三才”。甄鸾注曰：“刻板为三分，位各五珠，上一珠与下四珠色别。其上别色之珠当五。其下四珠，珠各当一。”上面一颗珠与下面四颗珠用颜色来区别。上栏一珠当 5；下栏四珠，一珠当 1。所采用的表数方式与现今珠算相近，由于没有形成一套口诀，还不够便捷。

唐宋时期，商业繁荣，数字计算增多，要求改革计算方法。南宋杨辉、元朱世杰等数学家的著作中都包含大量口诀，且与现今珠算口诀已基本一致。北宋可能已出现穿珠算盘。北宋张择端画的《清明上河图》中药铺柜台上有两个长方盘子，珠算史学者认为是算盘，但也有学者认为是钱板。不过南宋刘胜年所绘《茗园赌市图》中有清晰的算盘[1]，这说明有梁穿档算盘在宋代已经出现。

乾坤一担图

元王振鹏所绘《乾坤一担图》（元至大三年，1310 年）的货郎担上却有一把算盘，它的梁、档、珠都很清晰。元末陶宗仪《南村辍耕录》（1366 年）中有“算盘珠”比喻,《元曲选》杂剧中有“去那算盘里拨了我的岁数”的戏词。表明元代已广泛应用珠算。

16 世纪后期，珠算专门著作大量出现，开方计算也可在算盘上进行，珠算全面普及。珠算熟练者呼出口诀的同时就可拨出得数，较筹算计算快得多。珠算在明代商业繁荣的环境中蓬勃发展，而筹算则逐渐销声匿迹。

明末珠算著作《算法统宗》传入日本，对珠算在日本的普及与和算的发展都起了重要的促进作用。同时珠算也传入朝鲜、越南等国家和地区，在民间得到应用。

珠算包括了硬件和相应的算法程序。算盘可以说是其硬件，各种口诀和计算方法则是其软件。珠算能够做到“心到、口到、手到”，三者配合、运珠如飞。算盘作为实用工具使用至今，已入选人类非物质文化遗产代表作名录。

（冯立昇）

参考文献

[1] 郭书春. 中国科学技术史 · 数学卷. 北京：科学出版社，2010，408，版图.

22. 增乘开方法

与现今开方仅指求$\sqrt[n]{A}$的根不同，在中国古代凡求一元方程$\sum_{i=0}^{n}a_ix^{n-i}=0$（$a_0 \neq 0$，$a_i \in Q$）的根的方法都叫做开方。

《九章算术》邵广章提出开方术、开立方术，是世界上最早的开平方、开立方的完整的抽象程序。刘徽给予几何解释，对程序有所改进，并创造方、廉、隅等术语，分别表示一次项、二次项和最高次项系数。

北宋贾宪在《九章算术》开方法的基础上，吸收刘徽等的改进，提出立成释锁法。“释锁”是将开方比喻为打开一把锁，“立成”是唐宋历算学家将一些常数列成的算表，立成释锁法中的“立成”就是“开方作法本源”，今称贾宪三角。这是贾宪创造的将整次幂二项式（$a+b$）^{n},（n=1，2，3，…）展开式系数自上而下摆成的等腰三角形。

同时贾宪提出求各廉的方法，即“增乘方求廉法”，并给出了求六次方各廉的细草，用这种方法可写出任意层数的贾宪三角。贾宪将求贾宪三角各廉的增乘方法，即随乘随加的方法推广到开方术中，创造了增乘开方法，增乘开方法是递增开某乘方法的简称。它的关键是在得出根的某一位得数后，如果需要继续开方，便以商的该位得数自下而上递乘递加，每低一位而止，以求减根方程。它与使用贾宪三角的系数异曲同工，而比后者的程序更加整齐，更具程序化、机械化。它的诞生标志着开方技术发展到了一个新的阶段。

对形如$\sum_{i=0}^{n}a_ix^{n-i}=0$（$a_0 \neq 0$，$a_i \in Q$）方程正根的求解问题最早出现于《九章算术》勾股章，原书没有术文。据史料记载南朝刘宋祖冲之首次解决了负系数方程，但资料已佚。现存史料中，第一次

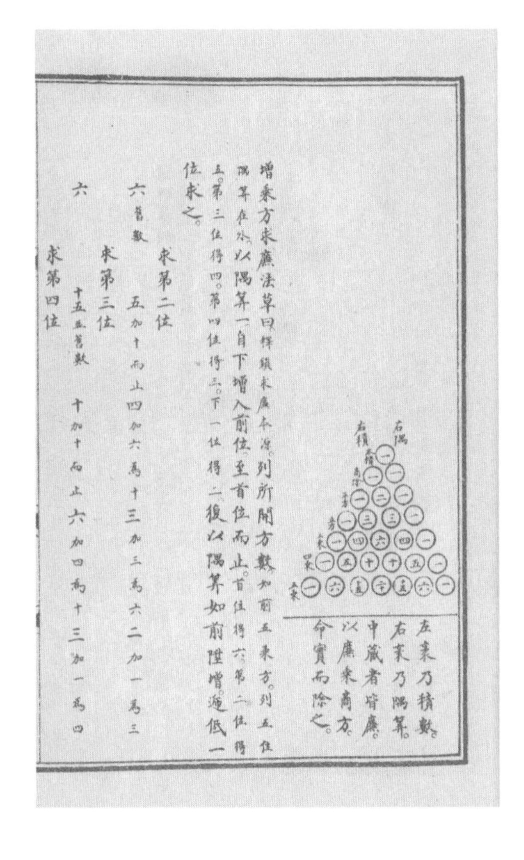

贾宪三角图

突破方程系数为正的限制的是12世纪北宋数学家刘益，但刘益的方法尚不是增乘开方法。南宋秦九韶《数书九章》（1247年）提出正负开方术，把以增乘开方法为主体的高次方程数值解法发展到十分完备的程度。他的方程有的高达10次，方程系数在有理数范围内没有限制。他规定实常为负，这实际上是求解形如$f(x)=a_0x^n+a_1x^{n-1}+a_2x^{n-2}+\cdots+a_{n-1}x+a_n=0$（$a_0\neq0$，$a_n<0$）的方程的正根，并创造了估根的方法。金元数学家李冶、朱世杰不再规定实常为负，而是可正可负。秦九韶、李冶、朱世杰等对常数项变号或绝对值增大等特殊情况都提出了处理意见。李冶、朱世杰还对某些不能开出准确根的情形做某种变换，开出其分数表示的根。

后来阿拉伯地区和19世纪初在欧洲也产生了同类算法，其中欧洲人称其为“鲁菲尼－霍纳”法。[1]

（郭园园）

参考文献

[1] 郭书春. 增乘开方法. 中国科学技术史 · 辞典卷. 北京：科学出版社，2011，450.

23. 垛积术

垛积术是高阶等差数列的项数与和数互求的算法，即由层数求某一垛积的总和，或由其总和求其层数，是宋元数学的重要分支。宋元时期手工业发达，生产大量的坛子、罐子、瓶子等，堆垛成如《九章算术》中多种多面体的形状。数学家们意识到，不能用《九章算术》中多面体的体积公式求其个数，便创造了垛积术❶。

垛积术最先称为隙积术，是一类二阶等差数列求和的算法，始见于北宋沈括《梦溪笔谈》卷十八。沈括研究了坛、罐等堆垛起来的刍童形垛（今长方棱台），因为积之有隙，称为隙积。沈括指出它不能用《九章算术》的刍童公式求其数目，遂提出隙积术。设隙积的上底宽a，长b，下底宽c，长d，共n层，如图，沈括的隙积术是：

$S_n=ab+(a+1)(b+1)+\cdots+cd=\frac{n}{6}[(2a+c)b+(2c+a)d+(c-a)]$，

比刍童体积多$\frac{n}{6}(c-a)$。

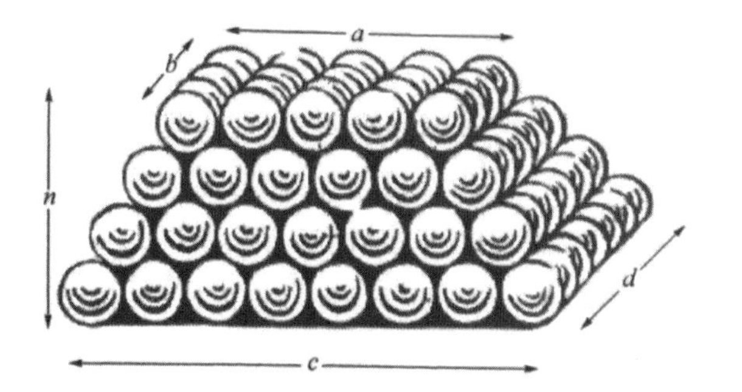

隙积图

八十為益實二為從方三為從廉一為正隅立
方開之合問
今有茭草一千八百二十束欲令撒星形垜之問
底子幾何
荅曰一十三束
術曰立天元一為撒星底子如積求之得四萬
三千六百八十為益實六為從方一十一為從
上廉六為從下廉一為正隅三乘方開之合問
今有茭草三千三百六十七束欲令嵐峯形垜之
問底子幾何

元・朱世杰《四元玉鉴》中所列的一个垛积问题

南宋杨辉《详解九章算法》商功卷将垛积求和问题比类《九章算术》的多面体，例如，在沈括的公式中令 $a=b=1$，$c=d=n$，便是杨辉的果子垛公式 $S_n=1^2+2^2+\cdots+n^2=\frac{n}{3}(n+1)\left(n+\frac{1}{2}\right)$ 等。

朱世杰的《算学启蒙》《四元玉鉴》反映了宋元时期垛积术研究的最高峰。《四元玉鉴》卷中“茭草形段”“如象招数”和卷下“果垛叠藏”三门33题中，都含有已知高阶等差级数总和求其项数的问题。为了解决这些问题，需要按照各自的求和公式列出一个高次方程，然后用“正负开方术”求其根。在这些问题中含有一系列三角垛公式，除杨辉已给出的外，还有：

撒星形垛（或三角落一形垛）：

$$S_n=\sum_{r=1}^{n}\frac{1}{3!}r(r+1)(r+2)=1+4+10+\cdots+\frac{1}{3!}n(n+1)(n+2)$$
$$=\frac{1}{4!}n(n+1)(n+2)(n+3)。$$

三角撒星形垛（或撒星更落一形垛）：

$$S_n=\sum_{r=1}^{n}\frac{1}{4!}r(r+1)(r+2)(r+3)=1+5+15+\cdots+\frac{1}{4!}n(n+1)(n+2)(n+3)$$
$$=\frac{1}{5!}n(n+1)(n+2)(n+3)(n+4)。$$

三角撒星更落一形垛：

$$S_n=\sum_{r=1}^{n}\frac{1}{5!}r(r+1)(r+2)(r+3)(r+4)=1+6+21+\cdots+\frac{1}{5!}n(n+1)(n+2)(n+3)(n+4)=\frac{1}{6!}n(n+1)(n+2)(n+3)(n+4)(n+5)。$$

这些公式在朱世杰的书中似乎没有条理，但从它们中，后一个被称作前一个的落一形垛，即前一个的前 n 项之和是后一个的第 n 项来看，它们是形成了一个完整的体系的。我们再看它们与贾宪三角的关系：上述各级数依次是贾宪三角第 2、3、4、5、6 条斜线上的数字，而其和恰恰是第 3、4、5、6、7 条斜线上的第 n 个数字。可见，朱世杰已经掌握了三角垛的一般公式：

$$\sum_{r=1}^{n}\frac{1}{p!}r(r+1)(r+2)\cdots(r+p-1)=\frac{1}{(p+1)!}n(n+1)(n+2)\cdots(n+p)。$$

显然，当 P=1，2，3，4，5 时便是上述三角垛公式。朱世杰还解决了以四角垛为一般项的高阶等差级数求相和问题，以及岚峰形垛等更复杂的级数求和问题。

郭守敬（1231—1316 年）、王恂（1235—1281 年）等元朝天算学家曾用招差术推算日、月的按日经行度数。朱世杰也把用招差术解决高阶等差级数求和问题发展到十分完备的程度。他的工作相当于列出招差公式

$$f(n)=n\Delta+\frac{1}{2!}n(n-1)\Delta^2+\frac{1}{3!}n(n-1)(n-2)\Delta^3+\frac{1}{4!}n(n-1)(n-2)(n-3)\Delta^4$$

与现代通用形式完全一致。朱世杰指出招差公式的各项系数恰恰依次是各三角垛的积，是他的突出贡献。

（郭园园）

参考文献

❶ 郭书春. 中国科学技术史 · 数学卷. 北京：科学出版社，2010，457.

24. 天元术

天元术是金元数学家创造的设未知数列方程的方法。天元术的基本程序是：首先立天元一为某某，相当于今之设未知数某某为 x；然后根据问题条件，列出两个等价的天元式，两者如积相消，便得到一个开方式，即今之一元方程❶。

由于史料散佚，天元术的早期发展情况尚不清楚。根据祖颐《四元玉鉴后序》所说，天元术通过从蒋周到元裕一系列数学家的不断努力才产生。可惜这些数学家的工作除蒋周《益古》的部分题目保存在李冶的《益古演段》中外，其余已荡然无存。许多著述把李冶说成天元术的创造者，这是不符合事实的。在李冶时代，天元术已是北方金元数学家的共识，李冶的《测圆海镜》《益古演段》只是目前传世的使用天元术的最早的著作。根据李冶的记载，早年有一部以 19 个汉字表示各幂次的著作；后来又有一部以天、地二元分别居上、下表示正、负幂的著作；还有一部天元在下，地元在上的著作。李冶《测圆海镜》表明，洞渊已经有了立天元一的明

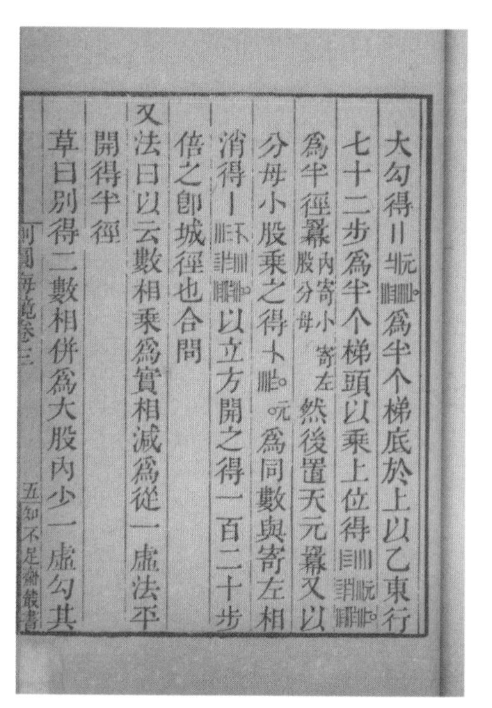
大勾得為半个梯底於上以乙東行
七十二步爲半个梯頭以乘上位得
爲半徑冪內寄小股分母寄左然後置天元冪又以
分母小股乘之得爲同數與寄左相
消得以立方開之得一百二十步
倍之即城徑也合問
又法曰以云數相乘爲實相減爲從一虛法平
開得半徑
草曰別得二數相併爲大股內少一虛勾共
測圓海鏡卷三
知不足齋叢書

李冶《测圆海镜》中有关天元术的记载

确步骤。至迟在李冶时代人们已经只用一个“元”字表示未知数的一次幂，或用“太”表示常数项，其他幂次皆按位置值给出。他在《测圆海镜》中仍取正幂在上，负幂在下的方式。在《益古演段》中则颠倒过来，正幂在下，负幂在上，后来的数学家都采取这种方式。如在《测圆海镜》卷三第 5 问中，立天元一为半城径，然后根据问题的条件，列出两个等价的天元式（用阿拉伯数字代替算筹数字）：

144	-1
5184 元	480
2488320	0 元

分别表示多项式 $144x^2+5184x+2488320$ 和 $-x^3+480x^2$，二者相减，得到

1

-336

5184

2488320

即方程 $x^3-336x^2+5184x+2488320=0$，随后利用正负开方术求解。值得注意的是，如积相消后得到的开方式，不再标以“元”或“太”字。自清中叶以来，人们标出这类字，有人甚至杜撰出“天元开方式”这一历史上并不存在的术语，这是以讹传讹。

天元术是一种半符号代数学。从此，高次方程造术有了规范的程序。它的产生，标志着方程理论基本摆脱了几何思维的束缚，有了独立于几何的倾向。

（郭园园）

参考文献

1 郭书春. 中国科学技术史 · 数学卷. 北京：科学出版社，2010，444.

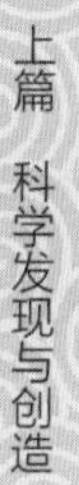

25. 一次同余方程组解法

数書九章卷一　大衍類　魯郡　秦九韶

○蓍卦發微

問易曰大衍之數五十其用四十有九又曰分而為二以象兩掛一以象三揲之以四以象四時三變而成爻十有八變而成卦欲知所衍之術及其數各幾何

答曰衍母一十二　衍法

一元衍數二十四　二元衍數一十二

三元衍數八　四元衍數六

已上四位衍數計五十

一揲用數一十二　二揲用數二十四

三揲用數四　四揲用數九

已上四位用數計四十九

南宋·秦九韶《数书九章》中有关一次同余方程组解法的记载

同余是数论中的一个重要概念，给定一个正整数 m，如果二整数 a、b，有（$a-b$）被 m 整除，就称 a、b 对模 m 同余，记作 $a=b\ (\mathrm{mod}\ m)$。中国民间历来流传着秦王暗点兵、韩信点兵、鬼谷算、隔墙算、剪管术等数字游戏，实际上都是同余问题。《孙子算经》“物不知数”问：“今有物不知数，三三数之剩二，五五数之剩三，七七数之剩二，问物几何？”这是世界数学著作中首次提出同余方程组问题。用现代符号表示就是求满足同余方程组：$N\equiv 2\ (\mathrm{mod}3)\equiv 3\ (\mathrm{mod}5)\equiv 2\ (\mathrm{mod}7)$ 的最小正整数 N。《孙子算经》的解法是 $N=2\times70+3\times21+2\times15-2\times105=23$，可见《孙子算经》在一定程度上理解了同余方程组解法。

同余方程组解法还来自于历法制定中上元积年的计算。中国古代的历法，要假定远古有一个甲子日，那一年的冬至与十一月的合朔都恰好在这一日的子时初刻。有这么一天的年度叫上元，从上元到制定历法的本年的总年数叫上元积年。已知本年冬至时刻及十一月平朔时刻，求“上元积年”在数学上便是同余方程组问题，但是“历家虽用，用而不知”(《数书九章·序》)。南宋数学家秦九韶在《数书九章》卷一大衍类提出了大衍总数术，这是世界数学史上第一次提出一次同余方程组的完整解法。

大衍总数术表明，秦九韶实际上已经掌握了近代数学大师高斯（Gauss，1777—1855 年）在《算术探究》(1801）中提出的如下定理：若 A_i（i=1，2,…，n）是两两互素的正整数，$R_i < A_j$，R_i（i=1，2，…，n）也是正整数，正整数 N 满足同余方程组组 $N \equiv R_i(\mathrm{mod}\ A_i)$。如果找到一组正整数 k_i，使得 $k_i\frac{\prod_{j=1}^{n} A_j}{A_j} \equiv 1(\mathrm{mod}\ A_j)$，则 $N \equiv \sum_{i=1}^{n} R_i k_i \frac{\prod_{j=1}^{n} A_j}{A_i}\ (\mathrm{mod} \prod_{j=1}^{n} A_j)$。秦九韶将诸 A_j 叫做定数，$\prod_{j=1}^{n} A_j$ 叫做衍母，$\frac{\prod_{j=1}^{n} A_j}{A_i}$ 叫做衍数，诸 k_i 叫做乘率，其核心是求乘率 k_i。为叙述方便，我们将 $\frac{\prod_{j=1}^{n} A_j}{A_i}$ 记为 G，将 A_i 记为 A，k_i 记为 k，这就变成在 A、G 互素的情况下求满足 $kG \equiv 1$（$\mathrm{mod}\ A$）的 k 值。秦九韶首先提出，如果 $G>A$，若 $G \equiv g$（$\mathrm{mod}\ A$），$0 < g < A$，则 $kg \equiv 1$（$\mathrm{mod}\ A$）与 $kG \equiv 1$（$\mathrm{mod}\ A$）等价，这便是现代同余方程组理论中的传递性，因此问题变成了求满足 $kg \equiv 1$（$\mathrm{mod}\ A$）的 k，秦九韶称 g 为奇数。他的方法是：将 g 置于右上，A 置于右下，左上置天元一，g 与 A 辗转相除，商依次是 q_1、q_2、…，余数是 r_1、r_2、…，按一定规则在左下、左上计算 c_1、c_2、…，直到右上 r_n=1 为止（此时 n 必定是偶数），则左上的 $c_n=q_nc_{n-1}+c_{n-2}$ 便是所求 k 值。因为要计算到右上得 1 为止，故将求乘率程序称为“大衍求一术”。

实际上秦九韶同余方程组解法“大衍总数术”包括三个部分，除“大衍求一术”外，在这之前给出诸问数的定义，并针对实际问题中诸 A_i 不两两互素的情况，提出了化约为两两互素定数的方法。清末以来大多著述将“大衍求一术”仅视为秦九韶同余方程组解法，显然不妥。[1]

（郭园园）

参考文献

[1] 郭书春．中国科学技术史·辞典卷．北京：科学出版社，2011，46.

26. 法医学体系

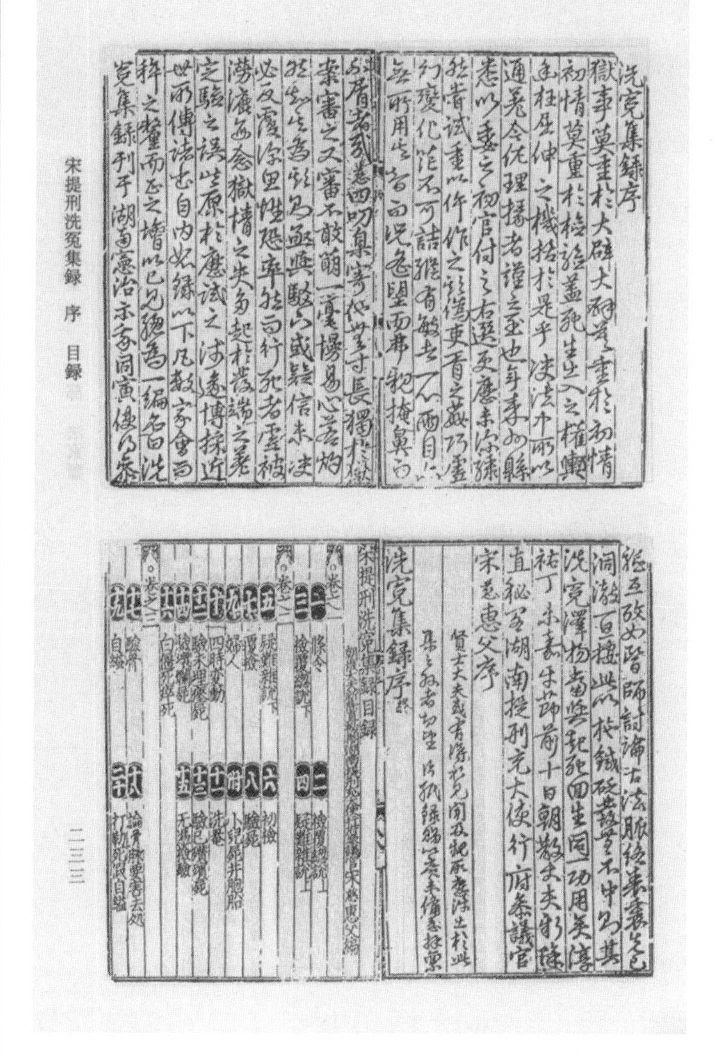

《洗冤集录》书影

宋慈（1186—1249年），南宋福建建阳县人，科举进士出身。在他的仕途生涯中，曾四次出任提点刑狱一职。这是中央外派地方的司法监察长官，负责审核州、县判理的命案等。宋慈在工作中发现，地方验尸官员往往因为缺乏尸体检验经验，无法胜任领导和监督整个尸检工作的职责，导致得出一些不实的检验结论，酿成冤案。

为了解决这个问题，宋慈决定编辑一本系统介绍尸体检验知识的手册，提供给官员们参考。1247年，宋慈刊行了这部名为《洗冤集录》的著作。该书以条目体的形式，介绍了尸体检验法规、现场尸体检验流程、尸体现象，以及近30种死亡方式的尸体检验方法等。它们包括：自缢、溺死、杀伤、火死、服毒、病死、踏压死、跌死、牛马踏死、雷震死、酒食醉饱死、遗路死、死后虫鼠犬伤等。该书所反映的编撰理念，已经非常接近我们今天的法医学教科书。它的出现标志着传统法医学体系的成立。欧洲最早的法医学专著是出版于1517年的《报告的编写及尸体防腐》，较宋慈的著作晚了两个多世纪。[1]

为了完成这样一部体系完备的法医学著作，单靠个人的力量是远远不够的。宋慈吸收了前人尸体检验文献中的大量内容。《洗冤集录》这个书名就表示，它是编辑相关文献而形成的著作。但是，由于对前人的作品缺乏批判精神，宋慈也将一些不正确的东西收入书中。例如，男人骨白，妇人骨黑，等等。

在此后的七个多世纪里，围绕《洗冤集录》发展起来了一批法医学著作，最著名的当推元代王与编撰的《无冤录》。清乾隆初年，刑部颁行《律例馆校正洗冤录》[2]，由此《洗冤集录》所奠定框架的尸体检验知识，被正式确立为官方的尸体检验规范。

宋慈《洗冤集录》开创的法医学体系，自15世纪开始，渐次影响到了邻近的朝鲜和日本。1438年，李氏朝鲜官方刊行《新注无冤录》，指导官员的验尸工作，并将其列为选拔司法官员的考试内容。18世纪,《新注无冤录》传入日本，后被改编为《变死伤检视必携无冤录述》出版，到1901年，该书被再版过六次。[3]

（韩健平）

参考文献

1. 贾静涛．世界法医学与法科学史．北京：科学出版社，2000，118-121．
2. 陈重方．清《律例馆校正洗冤录》相关问题考证．有凤初鸣年刊，2010（6）：441-455．
3. 贾静涛．中国古代法医学史．北京：群众出版社，1984，199-212．

27. 四元术

《四元玉鉴》中有关四元术的例题

四元术是二元、三元或四元高次方程的表示、建立与求解方法。

天元术出现之后，人们将天元术与方程术结合起来，相继创造了二元术、三元术与四元术。祖颐在《四元玉鉴后序》谈到的创造二元术著作《两仪群英集臻》、三元术的著作《乾坤括囊》均亡矣，朱世杰《四元玉鉴》（1303 年）是关于四元术的内容为丰富的唯一部著作，其中有二元高次方程组 36 题，三元 13 题，四元 7 题。卷首所列“四象细草假令之图”。其中“两仪化元”、“三才运元”、“四象会元”三题提供了二元、三元、四元高次方程组的表示法、建立方程组与四元消法的主要步骤❶。

四元术的方程组表示法是天元术方程表示法的推广。四元术以天、地、人、物为未知数，常数项居中，旁边记一“太”字，四元依次居于常数项的下、左、右、上，其幂次由它们与“太”字的距离决定，距离愈远，幂次愈高，相邻两元幂次之积记入相应行列的交叉处，不相邻之元的幂次之积记入夹缝中。若以 x,y,z,u 分别记天、地、人、物，则四元术（只列出 2 次）表示为：

$$\begin{array}{ccccc} u^2y^2 & y^2y & u^2 & u^2z & u^2z^2 \\ uy^2 & uy & u & uz & uz^2 \\ y^2 & y & 太 & z & z^2 \\ y^2x & yx & x & xz & xz^2 \\ y^2x^2 & yx^2 & x^2 & x^2z & x^2z^2 \end{array}$$

四元术的核心是四元消法，即将四元高次方程组消成三元方程组，再消成二元方程组，最后消成一元高次方程，随后用增乘开方法求解。以《四元玉鉴》卷首第 4 题“四象会元”为例，首先根据题意列出四元方程组：

$$\begin{cases} -2y+x+z=0 & 今式 \\ -y^2x+4y+2x-x^2+4z+xz=0 & 云式 \\ y^2+x^2-z^2=0 & 三元之式 \\ 2y-u+2x=0 & 物元之式 \end{cases}$$

例如上述方程组的中云式利用四元术表示为（用阿拉伯数字代替算筹数字）：

$$\begin{array}{rrrr} 0 & 4 & 太 & 4 \\ 云式：-1 & 0 & 2 & 1 \\ 0 & 0 & -1 & 0 \end{array}$$

随后将其消元，分别化为三元方程组、二元方程组，最后化为一元高次方程：$4u^2-7u-686=0$，并求解。从今天的视角看，由于受到筹算系统的限制，四元术的表示法向五元及其以上发展的可能性不大；另《四元玉鉴》中的三元和四元问题均以勾股形设问有一定的局限性，但四元术确是中国传统数学的一项重要成就。

（郭园园）

参考文献

❶ 郭书春. 中国科学技术史 · 数学卷. 北京：科学出版社，2010，448.

28. 十二等程律

十二等程律是音乐上的一种乐律体制。它的最大优点是实现了旋宫和转调（变调）。在这种体系下，作曲家和演奏家可以随意表达自己的思想情感而不受乐器的限制。

音乐之所以让人感到和谐悦耳，关键在于各个音（律）的频率尽可能呈简单的整数比。最和谐的频率组合是 2∶1，此时两个音的音调听起来几乎完全重合，被称为“一个八度”。在一个八度内建立音阶，令任何相邻两音的音程（即频率差）都相等。这样就可以选定任意一阶音为起始音高，即可以旋宫；且经过一个八度，都可以回到这个音，即可以返宫；曲内还可以任意转调；从而实现和音演奏，使乐曲的情感内涵更加丰富。

古代用生律法来确立音程。古希腊毕达哥拉斯学派的五度相生律和中国古代的三分损益律本质上相同，都以$\frac{2}{3}$（弦长比）作为生律因子来推算各律。春秋时期《管子·地员》记载利用三分损益法确定“宫、商、角、徵、羽”五音；春秋后期《国语·周语》在世界上最早提到了十二律。但照此得到的相隔八度的两个音频率之比不是 2，而是约等于 2.02728，即无法“返宫”；且各音的音程也非精确相等，升调或降调后，曲子会出现细微误差。这样的律制只适合单音演奏。南朝宋的何承天、❶五代的王朴先后在三分损益律的架构下对十二半音进行修正，提高均匀度，但“返宫”难题一直未解。❷

明代朱载堉（1536—1611 年）提出了《律学新说》（1584 年），完全放弃三分损益律，建立了一套“新法密律”，即十二等程律。此

朱载堉《律吕精义内篇》有关“十二等程律”计算的文字

律制将八度音程的频率比直接定为 2，用公比为$\sqrt[12]{2}$的等比数列来划分 12 个半音。十二等程律圆满解决了返宫难题，相邻各音的音程完全相等，可以顺利转调；各音也没有不和谐的感觉。兼顾了和谐悦耳和旋宫转调，极大拓展了乐曲的表现空间。

难能可贵的是，“新法密律”中 2∶1 的八度音程比并非预先设定，而是先借助勾股定理计算出半个八度音程比为$\sqrt{2}$∶1，那么一个八度自然为 2，成功地避开了“预设”返宫的责难。朱载堉还探索出了多种计算密律的数学方法，包括求解等比数列中位项、算定等程律五度相生因子为$\frac{5\times10^{8}}{749153538}$；他还利用算盘首次将$\sqrt[12]{2}$准确计算到了小数点后 24 位，远远超出律学应用的需求。③

荷兰数学家斯特芬（Simon Stevin，1548-1620）在约 1605 年的手稿中提出了十二等程律的计算方法；由于计算精度不够，他算出的弦长数字个别偏差较大。④ 100 多年后，德国作曲家巴赫使用修正后的十二律作曲，取得巨大成功。17—18 世纪欧洲流行平均律

（中庸律），是将五度相生律的每一个音都减去一个平均差值，实现返宫；与十二等程律有本质差别[5,6]。此后，十二等程律才在欧洲被广泛使用。

（苏 湛　黄 兴）

参考文献

❶ 杨荫浏．平均律算解．燕京学报，第二十一期（民国二十六年六月出版）．

❷ 戴念祖．中国声学史．石家庄：河北教育出版社，1994，239-244.

❸ 戴念祖．从传统音乐学和数学角度看朱载堉创立等程律的思维．中国音乐学，2014（4）：20-25.

❹ Thomas S. Christensen. *The Cambridge History of Western Music Theory*. Cambridge University Press, 2006, p205.

❺ 缪天瑞．律学．北京：人民音乐出版社，1983，163-168.

❻ 戴念祖．消亡了的平均律．星海音乐学院学报，2015（2）：35-39.

29.《本草纲目》分类体系

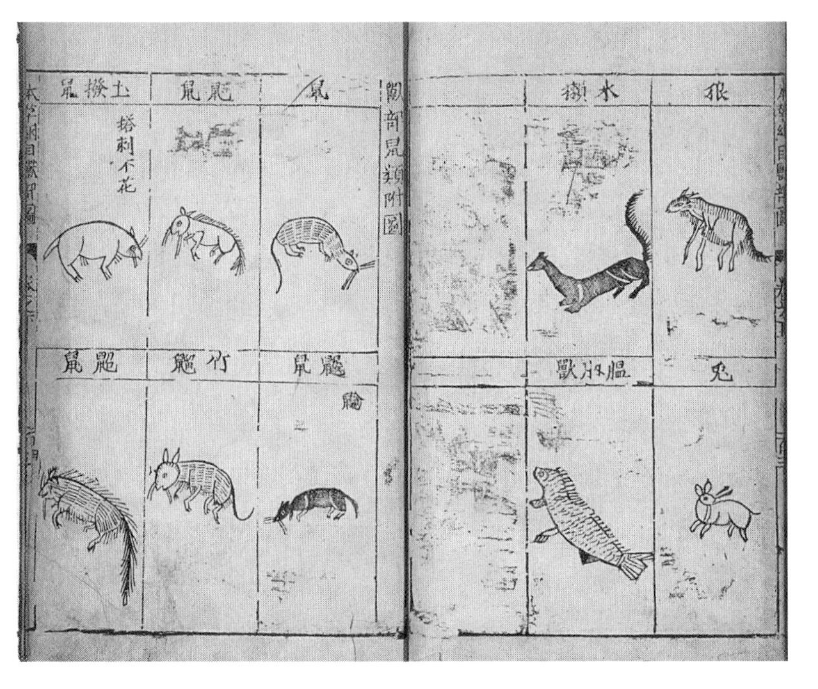

《本草纲目·兽部》（部分）

对事物进行分类是人们认识自然的基础，它包括命名、描述、划分类群，以及在类群间建立联系进而形成分类体系等几项工作。其实人类自从能够相互交流，就开始了分类的实践。

分类对理解复杂多样的生物界来说尤为重要，中国古代的生物学知识以本草著作中的记录最为系统。自《神农本草经》以降，在这类著作中就确立了依药性不同将动植物划为上、中、下三品的分类体系。

这一实用性的分类体系经过历代发展，囊括的动植物种类达到了上千种，对各个物种的描述也逐渐细化。但是，各种著作中命名和编目排序方面的问题也逐渐显现。

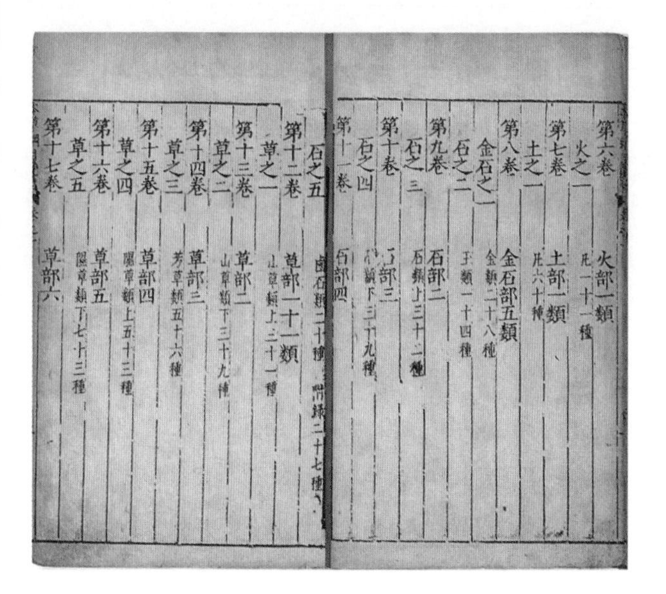
第六卷 火之一 火部一類 凡一十一種
第七卷 土之一 土部一類 凡六十一種
第八卷 金石之一 金石部五類 金類二十八種
石之二 玉類一十四種
第九卷 石之三 石部二 石類上三十二種
第十卷 石之四 石部三 石類下三十九種
第十一卷 石部四
石之五 鹵石類二十種 附錄二十七種
第十二卷 草之一 草部一十一類 山草類上三十一種
第十三卷 草之二 草部二 山草類下三十九種
第十四卷 草之三 草部三 芳草類五十六種
第十五卷 草之四 草部四 隰草類上五十三種
第十六卷 草之五 草部五 隰草類下七十三種
第十七卷 草之六 草部六

《本草纲目》目录（部分）

到了明代，名医李时珍在遍览前书以及自己实践经验的基础上，在1578年编写成52卷的巨著《本草纲目》（刊刻于1596年），将记录药物的种类增至1800余种（包括1538种生物❶），并在正文中建立了一种更为先进的分类体系❷。

他在命名时采用的优先法系统 就与当今的命名法规原则一致❸；全书所分的十六部，则按照从无机到有机、从低等至高等的次序排列❹，反映出一种进化的思想；在每一部中，又按生物的自然属性进一步划分❸。

《本草纲目》在问世百年之后经传教士的译介传入西方，并产生了较大影响❺。李时珍以“从类而分，以族相邻”为主导思想建立的独特分类体系也被称为林奈之前最好的分类系统❻。

（李 昂）

参考文献

❶ 李冀. 浅析本草学的“三品”分类与“纲目”分类法. 中医药学报，1989（2）：52-53.

❷ 罗桂环，汪子春. 中国科学技术史·生物学卷. 北京：科学出版社，2005.

❸ 李约瑟. 中国科学技术史. 第六卷. 第一分册. 植物学. 北京：科学出版社，2006，266.

❹ 丁艳蕊. 论《本草纲目》分类体系的科学性. 湖北中医学院学报，2009，11（4）：63-65.

❺ 刘润兰.《本草纲目》在海外的传播与影响. 世界中西医结合杂志，2014，9（1）：89-90.

❻ Moellendorff，O. F.. *The vertebrate of the Province of Chihli with Notes on Chinese Zoological Nomenclature*. North-China Branch of the Royal Asiatic Society. 1887，11：41-111.

30. 系统的岩溶地貌考察

我国华南和西南的热带岩溶（峰林），分布广、类型全，曾被誉为世界最奇特的岩溶地区[1]。《徐霞客游记》是世界上最早的石灰岩岩溶地貌学和洞穴学著作[2]，详细记述了1613—1639年考察的岩溶地貌现象，并分析了相关岩溶地貌的发育机制。

徐弘祖（1587—1941年），字振之，号霞客，明南直隶江阴人[3]。自其20多岁至56岁逝世，几乎都在外旅行考察。1636—1639年，游历浙江、江西、湖南、广西、贵州等地，考察西南岩溶地貌，为世界岩溶学做出重要贡献。

我国西南地区是世界上可溶岩连续分布面积最大、热带亚热带岩溶最为发育的地区。徐霞客在该区进行了为期三年多的考察，考察范围远比同时期西方学者广阔[4]。他在世界上最早论述热带岩溶[1]，理清其在我国的分布范围，并为岩溶地貌做了分类和命名，指出岩溶地貌存在区域差异。他在游记中指出，“遥望东界遥峰下，峭峰离立，分行竞颖，复见粤西面目；盖此丛立之峰，西南始于此（云南罗平），东北尽于道州（湖南道县），磅礴数千里，为西南奇胜，而此又西南之极云”[5]。

徐霞客观察记述了考察区域的几乎所有热带、亚热带岩溶现象，其类型和数量比早期西方任何单一学者记录的都要多且详细，并对其成因和地理分布提出明确的科学观点[6]。岩溶发育机制方面，不仅记述了溶蚀作用，还着重指出流水侵蚀和“重力”作用在岩溶地貌形成中的意义[1]。如：云南保山水帘洞，“崖间有悬干虬枝为水所淋滴者，其外皆结肤为石，盖石膏日久凝胎而成”[7]。广西桂平（浔州）石桥村，“其东有山，……迸穴愈多，皆石骨嘘结，偶骨裂土迸，则石出而穴陷焉”[8]。在洞穴学方面，准确细致地记述了300多个洞穴，这些记录几乎涉及洞穴学的各个分支。如：桂林七星岩“计前自栖霞达曾公岩，约径过者共二里，复自曾公岩入而出，约盘旋者共三里”[9]。这与现代测量数据基本一致[10]。

（马敏敏）

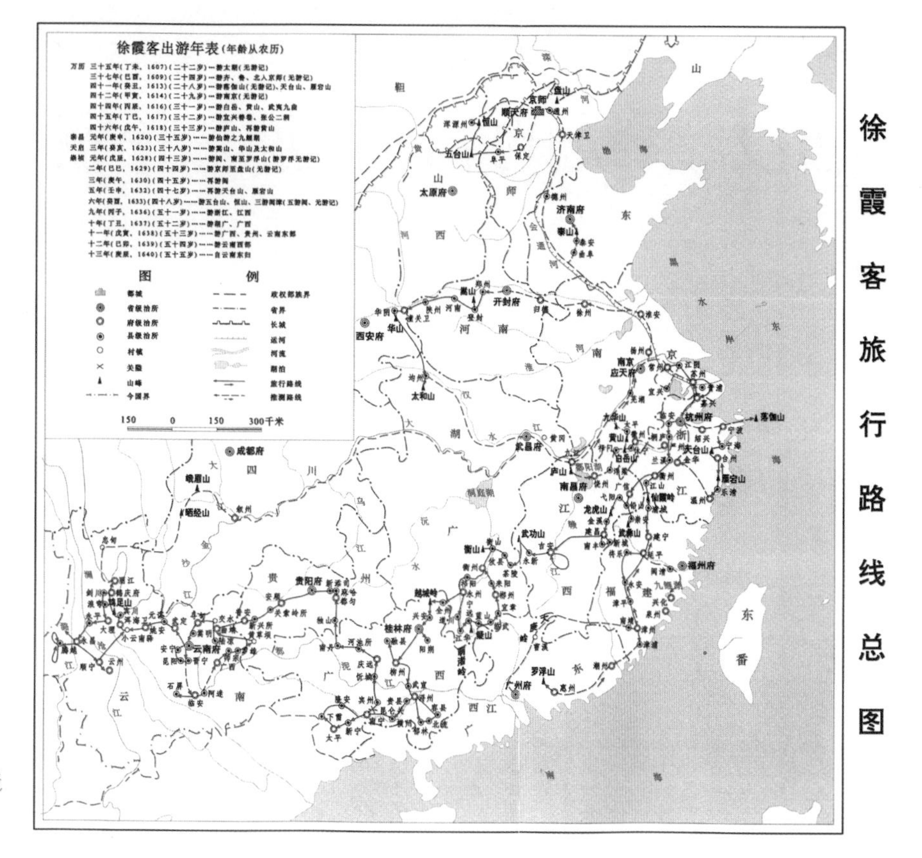

徐霞客旅行路线总图❸

参考文献

❶ 任美锷. 徐霞客对世界岩溶学的贡献. 地理学报，1984，39（3）：252-258.
❷ 杨文衡. 十七世纪的现代学者：徐霞客及其游记. 深圳：海天出版社，2013，77.
❸ 张永康，朱钧侃，杨达源. 徐学发展史. 武汉：中国地质大学出版社有限责任公司，2012，42.
❹ 朱德浩，李慧芳. 世界岩溶地貌和洞穴考察研究的先驱——徐霞客. 中国岩溶，1991，10（3）：245-250.
❺（明）徐弘祖. 褚绍唐，吴应寿整理. 徐霞客游记. 上海：上海古籍出版社，1980，697.
❻ 唐锡仁，杨文衡. 徐霞客及其游记研究. 北京：中国社会科学出版社，1987，257.
❼（明）徐弘祖. 褚绍唐，吴应寿 整理. 徐霞客游记. 上海：上海古籍出版社，1980，1045.
❽（明）徐弘祖. 褚绍唐，吴应寿 整理. 徐霞客游记. 上海：上海古籍出版社，1980，405.
❾（明）徐弘祖. 褚绍唐，吴应寿整理. 徐霞客游记. 上海：上海古籍出版社，1980，295.
❿ 唐锡仁，杨文衡. 徐霞客及其游记研究. 北京：中国社会科学出版社，1987，54.

中篇

技术发明

31. 水稻栽培

河姆渡文化炭化稻谷

稻是世界第一大粮食作物，世界上有一半以上的人口以稻米为主食。仅在亚洲，就有 20 亿人从大米及大米产品中摄取热量与蛋白质。中国是世界上最大的稻米生产国，占全世界总产量的 30% 左右。2004 年，联合国设立国际稻米年，主题为“稻米就是生命”，这是联合国历史上第一次为某种农作物做出这样的安排，可见稻之重要性。[1]

研究表明，中国、印度和东南亚都有可能是水稻最早的驯化中心，但中国作为亚洲栽培稻的起源地的观点已获得越来越多的考古学证据的支持。中国史前栽培稻遗存的出土地点已达一百六七十处，时间在万年以上的就有湖南道县玉蟾岩遗址、江西万年仙人洞和吊桶环遗址、浙江浦江上山遗址，其中在江西仙人洞遗址和吊桶环遗址中发现了距今约 12000 年的稻作遗存，而且在其不远的东乡县至今仍有栽培稻的祖先普通野生稻的分布；湖南道县玉蟾岩遗址中还出土了目前世界上已发现的年代最早的水稻实物标本；此外，考古学家还在江苏、湖南等地距今 6000 多年前的新石器时代遗址中发现了水稻田与灌溉的水沟，这些都为中国是亚洲栽培稻起源地的说法提供了进一步的证据。

稻米一直就是中国南方人的主食。公元 1000 年前后，稻米已养活了半数以上的中国人口。明末据宋应星的估计：“今天下育民人者，稻居什七”。[2]随着时间的推移，水稻种植技术也在不断进步，由最初落后的象耕鸟耘、火耕水耨，逐渐发展成以耕、耙、耖为主体的水田整地技术，以育秧移栽为主体的播种技术和以耘田、烤田为主的田间管理技术。

《康熙御制耕织图》中的水稻插秧

中国的水稻栽培直接影响到周边其他国家稻作的发展。2000余年前，生活在长江中下游地区的吴越人把水稻栽培带到今日本九州一带，这是日本有稻作栽培之始。[3]东汉时，九真（今越南北部）太守任延将内地的耕犁技术传到他所辖的地区，影响到邻近的交土（即交趾）、象林（越南中部）等地的水田耕作技术。

（杜新豪）

参考文献

❶ 曾雄生，陈沐，杜新豪．中国农业与世界的对话．贵阳：贵州民族出版社，2013，101.

❷（明）宋应星 著，钟广言 注释．天工开物．广州：广东人民出版社，1976，11.

❸ 游修龄，曾雄生．中国稻作文化史．上海：上海人民出版社，2010，468.

32. 猪的驯化

人类驯养家畜至少已经有一万年的历史，先后驯化了狗、猪、羊、牛和马等牲畜。其中，猪的驯化在我国占有重要的地位。它不仅是我国古代先民最重要的家畜和肉食来源[1]，还同时为人们提供了动物油脂、皮革等重要的生活资料。

现有的动物考古学和分子生物学证据可以证明，我国的猪类驯化是多地起源的。目前我国最早的家猪骨骼标本出自河南省舞阳县贾湖遗址第一期，其年代可追溯到距今 8500 年左右[2]。

判断野猪是否驯化需要系列依据。其中一个重要的证据是齿列扭曲现象。这是因为古人在驯化猪的过程中，控制其活动范围，其获取食物的方式也发生变化，家猪不需要像野猪那样用鼻吻部拱地掘食，导致鼻吻部和头骨长度缩短。由于牙齿尺寸的改变比下颌骨缩短要慢，就会产生齿列扭曲的现象[3]。这在贾湖遗址出土的标本上表现得十分明显。因为这种骨骼形态变化需要较长时期的积累，故而表明我国家猪驯化的时间还可往上追溯[4]。此外，猪长到 1 ~ 2 岁后，体型和肉量不再有明显的增加，而贾湖遗址中出土的猪群成年个体比例较少，大多数在 2 岁以下即被宰杀，这也说明我国古代先民对猪的驯化和利用已经具备了一定的经验。

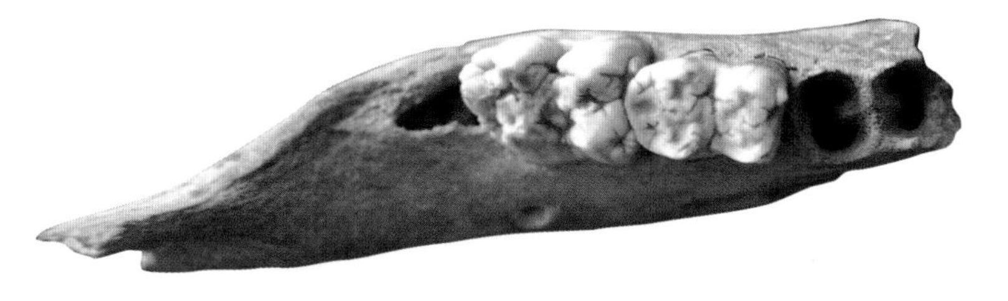
贾湖遗址出土的猪下颌骨（示齿列扭曲）

北方大耳猪
（山西省曲沃县天马曲村晋侯墓地出土）

南方小耳猪
（湖南省湘潭县船形山出土）

商周时期青铜器中的家猪造型

就目前所知，我国南方地区最早出现家猪的遗址位于浙江省萧山市跨湖桥⑤，其家猪驯化时间可以追溯至距今8200年左右⑥。多地独立驯化也使各地的家猪品种有所区别。距今7000年左右，在黄河中下游地区、淮河与长江流域，饲养家猪的地点逐渐增多。大约在商周时期，我国古人还发明了家猪阉割技术，它在提高猪种选育水平方面有着重要作用，这也是我国古代先民的一项伟大贡献。

（徐丁丁）

参考文献

① 罗运兵. 中国古代猪类驯化、饲养与仪式性使用. 北京：科学出版社，2012.

② 罗运兵，张居中. 河南舞阳县贾湖遗址出土猪骨的再研究. 考古，2008（1）：91-96.

③ 袁靖，罗运兵，李志鹏，等. 论中国古代家猪的鉴定标准. 河南省文物考古研究所 编著. 动物考古，第一辑. 北京：文物出版社，2010.

④ 罗运兵. 中国古代猪类的驯化与饲养，大众考古，2013（4）：44-47.

⑤ 浙江省文物考古研究所，萧山博物馆 编. 跨湖桥. 北京：文物出版社，2004，267.

⑥ 袁靖. 中国古代的家猪起源. 见：西北大学考古学系，西北大学文化遗产与考古学研究中心 编. 西部考古，第一辑，纪念西北大学考古学专业成立五十周年专刊. 西安：三秦出版社，2006，43-49.

33. 含酒精饮品的酿造

酿造是利用发酵作用制造酒、醋、酱油等[1]，其核心是发酵。发酵作用有利于保存和增强食物和饮品的营养价值[2]。利用发酵作用酿造的含酒精饮品在古代文化中具有重要的社会、宗教和医学意义，促进了农业和食物加工技术的发展[2]。

目前最早的含酒精饮品的证据出自河南贾湖遗址。约距今9000—7500 年，贾湖先民已经掌握含酒精饮品的酿造技术[2]。考古学家对该遗址出土陶器碎片上有机残留物进行了化学分析，结合植物考古和考古证据，发现这些器皿盛放过一种由大米、蜂蜜和水果（山楂和/或葡萄）混合成的含酒精的发酵饮品。这是世界上目前发现最早的与酒有关的实物资料。

东汉・酿酒画像砖

从某种程度上讲，贾湖遗址含酒精饮品的酿造技术也是中国传统发酵技术（曲蘖发酵）的先驱[2]。考古学家在约距今3000年的商周遗址中发现密封的青铜器皿中盛有液体酒。这些酒的化学分析结果表明，它们可能是利用曲蘖发酵技术酿制的谷物酒[2]。《尚书·说命》也曾记载酿酒需曲蘖[3]。这说明我国先民可能在商周时期已懂得利用曲蘖发酵技术酿造谷物酒。到秦汉时期，制曲技术的提高促使酿酒技艺进步。宋代制曲技术达到很高水平，酿酒专著《北山酒经》系统总结了许多制曲和酿酒技术。

利用曲蘖制酒是我国特有的酿酒方法，它把谷物制酒的两个过程（糖化和酒化）结合在一起[4]，不仅提高酿造效率，还丰富了所产酒的内涵。

（马敏敏）

参考文献

1. 中国社会科学院语言研究所词典编辑室. 现代汉语词典（第6版）. 北京：商务印书馆，2005，949.
2. McGovern P E, Zhang J, Tang J, Zhang Z, Hall G R, Moreau R A, Nuñez A, Butrym E D, Richards M P, Wang C S, Cheng G, Zhao Z, Wang C. Fermented beverages of pre- and proto-historic China. *Proceedings of the National Academy of Sciences of the United States of America*，2004，101（51）：17593-17598.
3. 路甬祥. 走进殿堂的中国古代科技史·上册. 上海：上海交通大学出版社，2009，322.
4. 杜石然，范楚玉，陈美东，等. 中国科学技术史稿. 北京：北京大学出版社，2012，39.

34. 髹漆

髹漆，传统意义上是指用经过净化精制的天然漆涂物的工艺。天然漆是从漆树采集的汁液。它由以下成分组成：漆酶 40%～70%、漆酚<1～%、树胶 5%～7%、糖蛋白 2%～5%、水 15%～40%。中华先民最早使用天然漆髹饰器物，通过不断改进工艺，使天然漆髹饰工艺形成博大精深的手工艺体系。

现知最早的髹漆器物是浙江萧山跨湖桥遗址出土的一把桑木残漆弓，距今约 8000 年[1]。它与其他出土实物证明，早在新石器时代，江浙一带先民就已发现天然漆的粘连、保护和美化作用并用于髹涂器物。战国以后，出于实用考虑，轻巧的漆器取代青铜器，大量被用作日用器皿。以木、皮、竹、藤、麻布等材料为胎骨的漆器，具有轻便、美观、耐用、抗腐蚀等优点。漆器工艺在位于长江中下游的荆楚地区尤为发达。从战国到秦汉的几百年间，是古代实用漆器发展的高峰期。[2]

东汉以后，青瓷开始兴起，实用漆器的发展由此进入低谷，漆器装饰工艺却从此迎来了发展契机。唐宋两代，犀皮、螺钿平脱、金银平脱、末金镂、雕漆、描金、戗金、隐起描金等工艺出现并且达到顶峰。明清两

元·张成款剔红栀子花纹圆盘

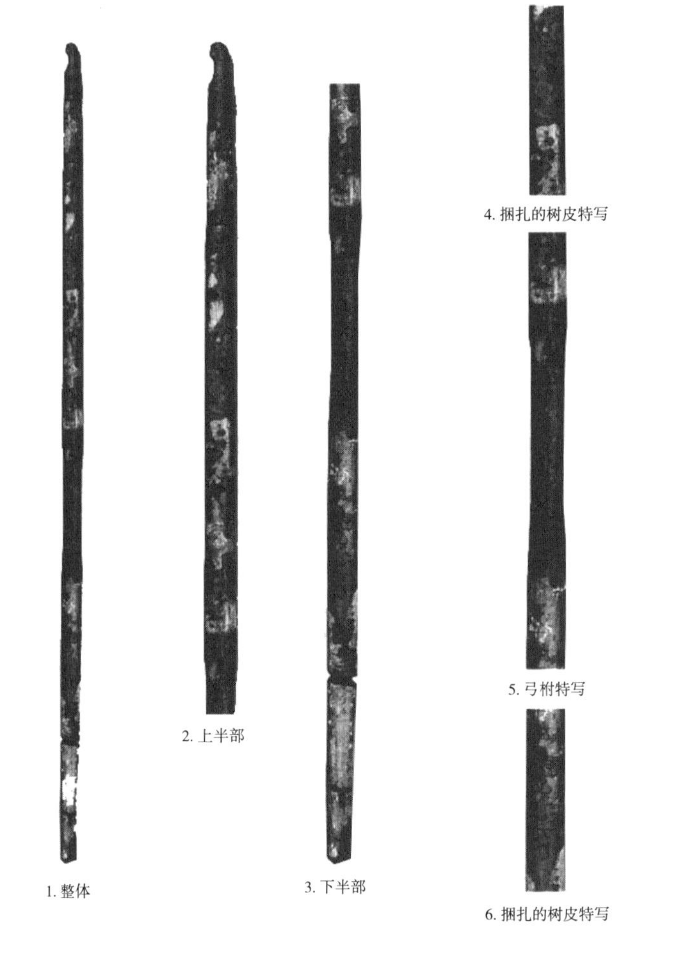

浙江萧山跨湖桥遗址出土漆弓（距今8000—7000年）浙江省文物考古研究所、萧山博物馆，跨湖桥，文物出版社，2004年，彩版四十

代，装饰性漆器进入全盛时期，漆工艺与建筑、家具、陈设相结合，在髹涂、描绘、填嵌、雕刻等技法基础上力求出新。[3] 明中后期出现了以《髹饰录》为代表的漆器装饰工艺集大成著作。

早在汉唐时期，我国漆器髹饰工艺就已经传入日本、朝鲜等东亚国家。17世纪以后，又对欧洲漆器制造业产生重要影响。世界各地的漆艺都曾经程度不等地受惠于华夏祖先的伟大创造。[4]

（陈　巍）

参考文献

❶ 长北.《髹饰录》与东亚漆艺——传统髹饰工艺体系研究. 北京：人民美术出版总社，2014，14.

❷ 长北 译注. 髹饰录图说. 济南：山东画报出版社，2007，总论，8-9.

❸ 华觉明. 中国百工. 苏州：古吴轩出版社，2010，86.

❹ 长北. 漆艺. 郑州：大象出版社，2010，33-34.

35. 粟的栽培

粟俗称谷子，是一种重要的粮食作物，它的祖先是广泛分布的狗尾草。粟具有很强的抗旱、耐瘠能力，适合于在半干旱地区的栽培条件下种植，从新石器时代直到唐代一直是中国北方地区的主食。从某种程度上说，粟作农业为中华文明的形成奠定了基础。❶

中国是粟的起源地。现出土有粟遗存的新石器时代遗址，包括炭化粟粒、粟壳和谷灰已有60余处。河北省徐水县南庄头遗址（早于距今11000年）和北京市门头沟区东胡林遗址（距今11000—9500年）出土石器和陶器的表面残留物，以及文化层沉积物中的古代淀粉遗存所做的提取分析结果显示，在距今11000年以前，古代淀粉残留物中已经出现了具有驯化特征的粟类淀粉

清·《钦定授时通考》中所绘粟之图像

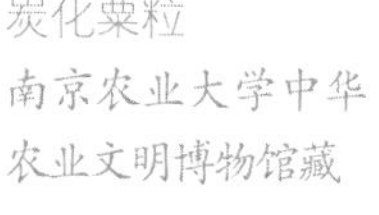
炭化粟粒
南京农业大学中华农业文明博物馆藏

粒，说明当时人类已经开始了对粟的野生祖本的驯化。在内蒙古赤峰敖汉旗兴隆沟遗址里发现了十余粒距今8000—7500年的炭化粟，比中欧地区发现的粟粒早2000多年，是目前已知的世界上最早的人工栽培的粟粒遗存。中国古代粟作农耕技术经验丰富，主要表现在良种选择、耕作制度、整地播种、田间管理、收获等方面。

中国的栽培粟对世界其他国家也产生了很大的影响，3000多年前，以种植栽培粟为主的旱作农业便已从中国北方的黄河流域传入朝鲜半岛、东南亚各地、南亚的印度半岛等，欧亚大草原直迄东欧的粟作农耕也是由中国传去的。[2]

（杜新豪）

参考文献

1. 石兴邦. 粟作农业与中国文明的形成. CCAST“原始农业对中华文明形成的影响”研讨会，北京，2001.
2. 何炳棣. 黄土与中国农业的起源. 香港：香港中文大学出版社，1969，133.

36. 琢玉

古人通称石之美者为玉。除矿物学上区分的软玉（透闪石、阳起石类）和硬玉（翡翠）外，广义上的玉石还包括蛇纹石、青金石、玛瑙、钻石、水晶、琥珀、绿松石、珊瑚、珍珠、大理石以及彩石、汉白玉和京白玉等。

《山海经》记载的中国玉石产地达200余处，但大多已无踪迹可寻❶。从古玉料的来源看，新疆和田、辽宁岫岩、河南南阳独山和陕西蓝田都是古代玉料的重要产地，江苏溧阳小梅岭、四川汶川龙溪、甘肃酒泉、青海青藏公路沿线高原丘陵地区和台湾花莲等地则是某一阶段的玉料产地。

明·宋应星《天工开物》涂本《琢玉图》

中国最早的玉器出土于内蒙古赤峰敖汉旗兴隆洼文化遗址和辽宁阜新查海文化遗址，以透闪石类材质为主，距今约七、八千年。之后，东北的红山文化，长江下游的石家河文化、凌家滩文化和良渚文化等，将玉器制作推进到一个鼎盛阶段。其中在良渚文化的瑶山和反山墓地，一座墓葬就出土一、二百件玉器，其加工

兴隆洼文化遗址出土玉玦

的精细程度有很大突破。在反山琮王神人兽面上 2.5 毫米宽度内竟然可见 13 道刻纹[2]。与之相较，中原的仰韶文化罕见玉器。之后，玉器在龙山文化中得到显著发展。至夏、商、周时，玉器更成为政治和社会生活的核心内容。三代以降，玉器在礼仪、日用装饰和艺术表现中的应用绵延不绝。

古玉加工涉及开解、琢磨、穿孔和抛光等多个环节[3]，早期主要是磨光和饰以简单纹饰。良渚文化时期已熟练运用切割、弦纹阴刻、钻孔、镂空和浮雕等技艺。因无记载可循，古代玉器的大平面、窄细平行线刻、扭丝纹和深细孔等是如何加工的，迄今仍是未解之谜。后世琢玉通行以砣具黏附解玉砂的治玉方法。以图文形式描绘琢玉装置的记载首见明代《天工开物》。

中国玉文化历史悠久，底蕴深厚，反映着丰富的工艺内容以及古代社会的价值、礼仪制度与艺术内涵，被视为“中国传统文化的标志之一”[4]。

（关晓武）

参考文献

[1] 古方，李红娟. 古玉的玉料. 北京：文物出版社，2009.

[2] 邓聪，曹锦炎. 良渚玉工. 香港：中国考古艺术研究中心，2015，46.

[3] 徐琳. 中国古代治玉工艺. 北京：紫禁城出版社，2011.

[4] 干福熹. 中国古代玉器和玉石科技考古研究的几点看法. 文物保护与考古科学，2008（20）增刊.

37. 养蚕

蚕是中国古代最主要的经济昆虫之一。蚕的经济价值在于蚕丝，是主要的纺织原料之一。

中国是世界上最早发明养蚕的国家。关于养蚕的起源，古史中有伏羲“化蚕”，嫘祖“教民育蚕”的传说[1]。新石器时代的考古发现表明，在距今5000多年以前，先民已经开始养蚕。其中最重要的证据是河南省荥阳市青台村仰韶文化遗址出土的丝织物残片，从纤维来看，其单茧丝截面积为36—38平方微米，截面呈三角形，是典型的桑蚕丝。其年代可追溯至距今5500年左右❶。此外，浙江湖州钱山漾遗址（距今约4000年）出土的绢片、丝线和丝带❷，山西夏县西阴村仰韶文化遗址（距今约6000—5600年）出土的半颗蚕茧也都为养蚕起源的时间和地点提供了直接的证据❸。

周代，养蚕已有专用蚕室[2]。公元3世纪后期，出现了小蚕恒温饲养❹，说明当时对于蚕的生长与温度之间的关系已有一定的认

南宋·《蚕织图》（局部）

国家文物局，中国科学技术协会主编，奇迹天工——中国古代发明创造文物展，文物出版社，2008年

识。但直到元代,《士农必用》中才对蚕生长的各阶段所需温度有详细说明。晋代对于蚕的微粒子病和软化病已有所认识，时称“黑瘦”和“伪蚕”。据北魏贾思勰《齐民要术》记载，人们还从种茧的选择和盐腌贮藏方面来防治蚕病。宋元时期，对于蚕病的防治更进一步，贮茧方法除盐渍之外，复又出现日晒和笼蒸。与此同时，作为防治蚕病主要手段的浴蚕方法也得以改进，早期浴蚕主要在川中进行，宋代出现了朱砂温水浴法，元代出现天浴，利用低温选优汰劣。明代有天露、石灰水、盐水浴种等方法，并采用杂交方法培育嘉种，以提高蚕的防病能力，这是养蚕技术上的一大创造[5]。

中国养蚕技术长期处于世界领先地位，为世界蚕业发展做出了巨大贡献。公元前 11 世纪，养蚕技术传入朝鲜，随后传入日本[6]。秦汉以后，中国的养蚕技术沿丝绸之路传入中亚、南亚及西亚地区[7]。公元 6 世纪中叶，拜占庭帝国通过印度僧侣从中国私运蚕种至该国，是为西方有蚕业之始[8]。

（刘　辉）

参考文献

1. 张松林，高汉玉．荥阳青台遗址出土丝麻织品观察与研究．中原文物，1999（3）：10-16.
2. 徐辉，区秋明，李茂松，等．对钱山漾出土丝织品的验证．浙江丝绸工学院学报，1981（2）：43-45；浙江省文物考古研究所，湖州市博物馆．浙江湖州钱山漾遗址第三次发掘简报．文物，2010（7）：4-26，
3. 李济．西阴村史前的遗存．北京：清华学校研究院，1927，22.
4. 闵宗殿．中国农史系年要录（科技编）．北京：农业出版社，1989，83.
5. （明）宋应星．天工开物．卷上．乃服第六；赵丰．中国丝绸艺术史．北京：文物出版社，2005，14.
6. 闵宗殿．中国农史系年要录（科技编）．北京：农业出版社，1989，20.
7. 蒋猷龙．中国古代的养蚕和文化生活．浙江丝绸工学院学报，1993（3）：1-5.
8. 张绪山．中国育蚕术西传拜占庭问题再研究 [J]．欧亚学刊第八辑，185-197.

注释

[1]《皇图要览》：“伏羲化蚕”；《通鉴纲目前编 · 外纪》：“西陵氏之女嫘祖为黄帝元妃，始教民育蚕……后世祀为先蚕。”《淮南王 · 蚕经》：“西陵氏劝蚕稼，亲蚕始此。”

[2]《礼记 · 祭义》中记载：“古者天子诸侯，必有公桑蚕室，近川而为之，筑宫仞有三尺，棘墙而外闭之”；《管子 · 山权数》中记载：“民之通于蚕桑，使蚕不疾病者，皆置之黄金一斤，直食八石……此国策之者也。”

38. 缫丝

蚕丝的主要成分是丝素和丝胶。丝素是蚕丝的主体，丝胶则是包裹在丝素外表的黏性物质。丝素不溶于水，丝胶易溶于水。而且温度越高，溶解度越大。缫丝即是利用丝素和丝胶的这一差异，经煮茧、索绪、集绪等工序把蚕丝从煮茧锅中抽引出来。缫丝出来的丝绞经络丝、并丝和加捻工序，便可制成织造所用的经、纬丝线。

中国是最早利用蚕茧抽丝的国家。河南荥阳青台村仰韶文化遗址出土的丝织物残片，从纤维来看，丝的投影宽度有三种规格，0.2毫米、0.3毫米和0.4毫米，且都为长丝，说明是用蚕茧进行多粒缫制而成，年代可追溯至距今5500年左右❶。这是目前发现最早的丝织物，证明在距今5000多年以前，缫丝工艺已经出现。到商代，缫丝技术已经相当成熟❷。水温是缫丝时非常重要的工艺参数，至迟在宋代，人们已经总结出了缫丝时煮茧温度的控制方法[1]。宋以后出现将煮茧与抽丝分开的“冷盆法”，这是相对于通常从煮茧锅中直接抽取茧丝的“热釜”而得名❸。这种方法虽然速度较慢，但质量高，明以后成为缫丝技术的主流❹。

目前所知最早的缫丝工具是带有“壬巂（茧）”铭文的商代青铜甗。甗是一种蒸器，下为三足，上呈锅形，中间有带孔的隔层，缫丝时正好可以将茧子挡在上面不至于沉到足袋。甗上安放木架，木架上可以同时抽两绪丝，然后将抽出的丝卷绕于丝籰上❺。至迟在秦汉时期，手摇缫车已经开始推广❻。宋代，脚踏缫车已在全国范围内普遍使用。那时的缫车与近代杭嘉湖地区保存的丝车已无大区别：有机架，用以支撑丝籰，籰靠一脚踏曲柄连杆机构带动，络绞机构使生丝的卷绕在一定的范围内来回摆动。

缫丝是丝绸生产过程中一个非常重要的工艺环节，它的出现是丝绸技术起源的关键。公元4世纪左右，中国的养蚕和缫丝技术传到日本。6世纪中叶又逐渐传到欧洲，此后，意、法等国才开始养蚕和缫丝❼。

王祯《农书》中记载的冷盆缫丝

（刘　辉）

参考文献

❶ 张松林，高汉玉．荥阳青台遗址出土丝麻织品观察与研究．中原文物，1999（3）：10-16.

❷ 赵丰．中国丝绸通史．苏州：苏州大学出版社，2005，46.

❹（元）王祯《农书》卷二十《农器图谱十六》

❺ 赵丰．中国丝绸通史．苏州：苏州大学出版社，2005，342.

❻ 赵丰．中国丝绸通史．苏州：苏州大学出版社，2005，46.

❼ 陈维稷．中国纺织科学技术史（古代部分）．北京：科学出版社，1984，161.

❽ 中国大百科全书出版社编辑部．中国大百科全书·纺织．北京：中国大百科全书出版社，1984，339.

注释

[1] 北宋秦观《蚕书》中记载，缫丝时“常令煮茧之鼎，汤如蟹眼”.

39. 大豆栽培

大豆是我国传统的五谷之一，被称为“菽”。《诗经》中就有“中原有菽，庶民采之”等句子。对于中国人而言，它不仅是一种主要的食用油料作物，也是植物蛋白质的重要来源。[1]

中国是国内外学术界公认的栽培大豆的起源地。距今9000—7000年前后，分布在黄河中游和淮河流域的裴李岗文化时代的先民已经开始利用野生大豆属植物[2]。到距今5000—4000年左右的龙山时代，大豆已出现较为明显的驯化特征。在河南禹州瓦店[3]、登封王城岗[4]、山西陶寺[5]、陕西周原[6]等地遗址，都出土了尺寸介于野生和栽培之间的炭化大豆。

夏商以后，大豆种子的尺寸明显增加，这一驯化过程一直延续到汉代。春秋战国时期，大豆已经成为我国重要的农作物和主粮，与小米并称为“菽粟”。《管子》中说“菽粟不足，末生不禁，民必有饥饿之色”，说明大豆在当时民生中的重要地位。

到了汉代，大豆的种植规模和产量有了大幅提升，从公元前一世纪成书的《氾胜之书》来看，当时大豆已经在中国广有栽培。洛阳等地汉墓出土的陶仓上还写有“大豆万石”的字样。

豆制品的发明，是我国先民在大豆栽培和利用方面的又一重要创

河南舞阳贾湖出土的炭化大豆
赵志军，张居中，贾湖遗址2001年度浮选结果分析报告，考古，2009（8），图版十二

造。汉代以后稻麦替代了大豆的主粮地位，大豆向着应用更广泛的副食和调料方向发展[7]。在西汉时期，人们已开始用大豆为原料作豆酱，并逐渐发展为制造酱油[8]；而相传由西汉淮南王刘安发明的豆腐[9]，更是成为经久不衰的食材。

《本草纲目》中所绘大豆图像

大豆约于秦代自华北引入朝鲜，又传入日本，18世纪后才逐渐传播到欧洲和美国，成为世界上主要的油料和饲料作物之一[10]。

（徐丁丁）

参考文献

❶ 现代另一主要油料作物落花生，为豆科落花生属一年生草本植物。原产于南美洲，明代传入中国。

❷ 吴文婉，靳桂云，王海玉，王传明. 古代中国大豆属植物的利用与驯化. 农业考古，2013（6）：1-10.

❸ 刘昶. 方燕明. 河南禹州瓦店遗址出土植物遗存分析. 南方文物，2010（4）：55-64.

❹ 赵志军，方燕明，登封王城岗遗址浮选结果及分析，华夏考古，2007（2）：78-89，167-168.

❺ 赵志军. 公元前 2500 年—公元前 1500 年中原地区农业经济研究. 中国社会科学院考古研究所科技考古中心 编，科技考古（第二辑）. 科学出版社，2007.

❻ 赵志军. 陕西扶风周原遗址王家嘴地点浮选结果分析报告. 赵志军. 植物考古学：理论、方法和实践. 科学出版社，2010，136.

❼ 杨坚. 古代大豆作为主食利用的研究. 古今农业，2000（2）：16-22.

❽ 包启安. 酱油科学与酿造技术. 北京：中国轻工业出版社，2011，2.

❾ 洪光住. 中国豆腐. 北京：中国商业出版社，1987.

❿ 王连铮. 大豆的起源演化和传播. 大豆科学，1985，4（1）：1-6.

40. 块范法

通过块范法铸造青铜礼器，是中国青铜时代最为突出的技术特征，迥异于西亚和欧洲地区以锻造和失蜡法为主制作兵器、工具、装饰品和雕塑的传统。块范法始于新石器时代晚期，是中国青铜时代占统治地位的金属成形工艺，山西襄汾陶寺遗址（公元前 2300—公元前 1900 年）出土的铜铃是目前已知最早使用复合范铸型制作的铜器。❶ 所谓块范法，是指将金属液倾入预先制好的分块组合铸型中，经冷却凝固、清整处理后得到有预定几何形状和物理化学性能的器件的工艺。❷ 经烘烤的铸型通常是由范、芯以及芯撑组合而成的带有内部空腔的封闭实体，空腔即为待铸物体的形状。因其焙烧火候通常不高，故称作泥范（泥型），也称作陶范。河南省偃师市二里头、郑州市南关外、紫荆山、安阳市殷墟、洛阳市北窑、陕西省扶风县李家、河南省新郑市郑韩故城、山西省侯马市牛村、白店等铸铜遗址均出土大量泥范、炉壁以及其他铸铜遗物，是研究块范法重要的实物资料。

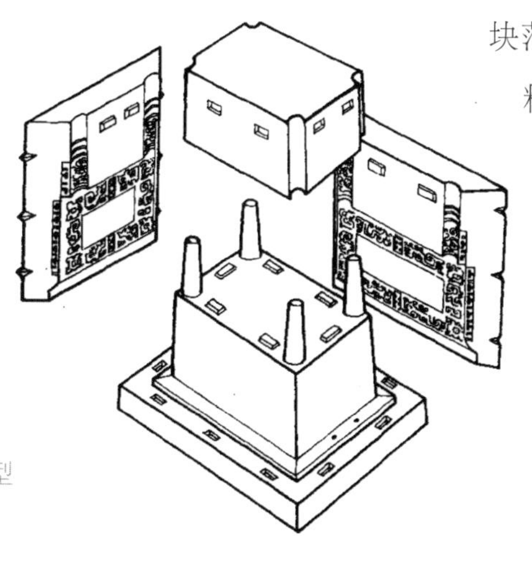
司母戊鼎的铸型

块范法典型的工艺流程包括造型材料的选择和制备；铸型（模、范、芯）的设计和制作；铸型的干燥、焙烧和装配；合金的熔化、浇注；以及铸后加工等等。其中，范的选择和处理工艺非常关键，从二里头文化时期开始，即已开始采用一种特

孝民屯簋复合范

殊的低黏土、高粉砂、多孔的造型材料，目前认为可能是经过分选、淘洗的生土添加一定量的羼和料经练泥、陈腐等一系列处理后制成。铸型的具体做法是先制作模，然后用泥片从模表面翻制成块范，从垂直和水平两个方向分范，将翻制好的块范进行阴干、焙烧，并进行装配，与浇注系统组装成封闭的铸型。[3] 然后将熔炼配制好的青铜合金浇入预热的铸型，成形冷却后脱范，进行铸件清理，去除浇冒口、毛刺、飞边等。器物通常一次成形，但有时需要使用两次以上的浇注完成不同部件之间的连接，有时因为存在铸造缺陷或者使用形成的破损和孔洞还需要进行补铸。

块范法使用的时间很长，对后来的铸造技术影响深远。至今仍在各地使用的传统泥型铸造，就是块范法发展而来的。

（刘 煜）

参考文献

1. 李敏生，等. 山西襄汾陶寺遗址出土铜器成分报告. 见:《山西襄汾陶寺遗址首次发现铜器》附录. 考古. 1984（12）：1068-1071.
2. 华觉明. 中国古代金属技术——铜和铁造就的文明. 郑州：大象出版社，1999.
3. 刘煜，岳占伟，何毓灵，等. 殷墟出土青铜礼器铸型的制作工艺. 考古，2008（12）：80-90.

41. 竹子的栽培与综合利用

竹类植物因地上茎的高度木质化在禾本科中构成较特别的一支[1]。其自然分布区中，以亚太区所产最为丰富，而中国更是中心产区，竹林面积广大、种类繁多。

因为具有生长速度快、繁殖力强、茎杆中空而质地坚韧等特征，竹子可以用于制造各种器物，甚至建筑。中国的先民从新石器时期便已对此有所认识并开始加以利用。如反映原始社会狩猎生活的二言诗《弹歌》云：断竹，续竹；飞土，逐宍，描绘了用竹子制成弹弓猎取动物的场景；在湖南洞庭湖新石器遗址发现的竹墙残迹，表明六七千年前竹就被用于建筑；而浙江钱山漾遗址出土的篓、谷箩、篮、簸箕、箪等则证明竹用于日常生产、生活已有五千年左右的历史❶。

竹制水车

我国栽培竹子的历史也至少可以追溯到3000年前，《诗经》中：瞻彼淇奥，绿竹青青，刻画的就是竹园中的景物[2]。此后，竹子依种类不同，被广泛用于社会生活的各个方面。如：竹筷、竹筒、毛笔、笙箫笛管、乃至“以竹丝为布，断材为柱，为栋，为舟揖……”等。此外，竹子的食用和药用价值，也早已被发现。到了晋代，戴凯著《竹经》，将前人对竹子的认识进行了一次总结，记述了数十种竹名和超过 30 种竹子的具体用途❷。魏晋时期，还对竹园进行官管，设置了“司竹监”管理竹林、以供国用。苏东坡曾经感慨地说：“庇者竹瓦，载者竹筏，书者竹纸，戴者竹冠，衣者竹皮，履者竹鞋，食者竹笋，焚者竹薪，真可谓不可一日无此君也。”❸

因其枝杆挺拔、中空有节且四季青翠的形态特征，竹也被中国人赋予了独特的文化寓意，而大量出现在诗歌、绘画等艺术作品中。

竹子可以说遍及中国人的衣食住行和精神生活，著名科学史家贝尔纳（J.D.Bernal）因之称中国是竹子文明的国度。

（李　昂）

参考文献

❶ 浙江文物管理委员会. 吴兴钱山漾遗址第一、二次发掘报告. 考古学报，1960（2）：85；1976 年在浙江余姚河姆渡新石器时代遗址发掘出了竹席等竹制品。

❷ 王乾. 从《竹谱》看中国古代对竹子的利用. 古今农业，1993（3）：35-40.

❸（宋）苏轼 . 苏轼文集 . 北京：中华书局 . 1996，2365.

注释

[1] 竹亚科，据记载有超过一千种，但因很少开花，分类所依据的营养器官性状不够稳定，命名比较混乱，同物异名者多。

[2] 据《班彪志》记载：淇园（今河南省淇县）曾是殷封王约箭园，专攻采竹制箭。

42. 茶树栽培

种植茶园

茶是中国人民日常生活中不可或缺的饮品，也是风靡全球的三大饮料（茶、咖啡、可可）之一，全球饮茶人口达50多亿。中国是茶的原产地和故乡，中国人不仅在世界上最先发明了饮茶的习惯，也最早把茶树驯化培育为一种重要的栽培作物。

茶在古代也称“荼”、“茗”,《尔雅・释木》就说：“槚：苦荼”。郭璞注曰：“树小似栀子，冬生叶，可煮作羹饮。今呼早采者为荼，晚取者为茗。……蜀人名之苦荼”。[1] 据东晋常璩《华阳国志・巴志》记载，在周武王联合西南地区少数民族共同讨伐商纣王的时候，巴蜀地区所产之茶便已被列为贡品，并有“园有芳蒻、香茗”的记载[2]，表明不晚于周代，我国巴蜀地区就已经开始了茶树的人工栽培。王褒的《僮约》中提到“武都买茶”[3]，说明此地区在汉代甚至出现了茶叶买卖市场。

尽管茶叶的生产、加工技术和饮茶习俗已经相当普遍，但直到唐代，人们对茶树栽培的具体方法还是记载甚略，陆羽的《茶经》也仅简单提及种茶的方法如同种瓜。不过随着饮茶风气的日益盛行，茶树栽培开始变得愈发讲究，唐末五代韩鄂撰的《四时纂要》中就载有一种茶树栽培技术，详细阐述栽培过程中的挖坑、施肥、播种、覆土等工序，据说这种用直播法栽培的茶树，3 年后即可采摘。[4] 明清时期开始在茶树栽培中采用移栽法，还采用了无性繁殖的压条法。茶树栽培技术的提高，为茶叶的普及做出了重大贡献。[5]

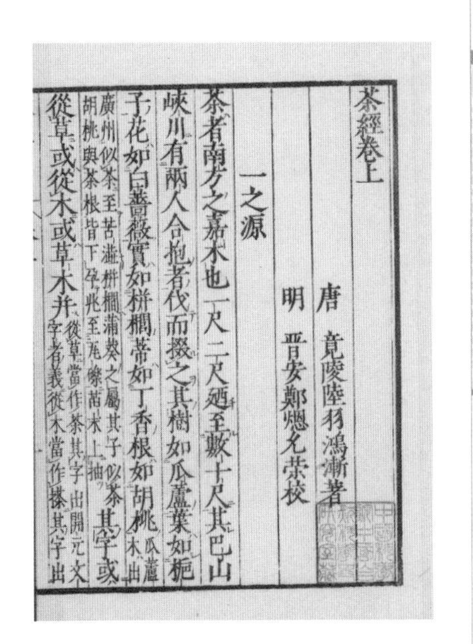
茶經卷上
唐 竟陵陸羽鴻漸著
明 晋安鄭熜允宣校
一之源
茶者南方之嘉木也一尺二尺廼至數十尺其巴山峽川有兩人合抱者伐而掇之其樹如瓜蘆葉如梔子花如白薔薇實如栟櫚蒂如丁香根如胡桃……其字或從草或從木或草木并……

《茶经》书影

从唐代开始，中国的茶叶便飘香万里。边疆的少数民族纷纷驱马来中原地区换取茶叶，开展茶马互市。与此同时，种茶技术也传到日本与朝鲜。近代，英国等西方国家在与中国的茶叶贸易中获得了巨额利润。有一位西方学者说过：东印度公司派人“把中国的茶引到印度后，决定性地改变了世界范围内的工业。[6] 另一西方学者也认为，“茶无疑为东方赠与西方最有利之礼物”[7]。鸦片战争以后，英国东印度公司开始从我国往南亚的印度和斯里兰卡等国引种茶树，至今茶叶仍是这些国家最重要的出口创汇农产品。世界上所有产茶的国家，其茶树苗种与栽培技术都是从我国直接或间接传入的。[8]

（杜新豪）

参考文献

1. （晋）郭璞 注. 尔雅. 北京：中华书局，1985，109.
2. （晋）常璩撰 . 华阳国志. 济南：齐鲁书社，2010，2.
3. 王洪林 著. 王褒集考译. 成都：巴蜀书社，1998，22.
4. （唐）韩鄂 著，缪启愉 校释. 四时纂要校释. 北京：农业出版社，1981，69-70.
5. 曾雄生. 种茶技术. 宋正海，孙关龙 主编. 图说中国古代科技成就. 杭州：浙江教育出版社，2000，28.
6. Hawks E.. *Pioneers of Plant Study*. New York：Book for Libraries Press，1969，30.
7. （美）威廉 · 乌克斯. 茶叶全书. 上海：中国茶叶研究社出版，1949，316.
8. 陈椽. 茶树栽培史初稿. 茶叶科学简报，1981（3）：15-19.

43. 柑橘栽培

柑橘类水果（芸香科柑橘属、金柑属和枳属植物及其杂交品种的果实）以其丰富的营养、芳香的气味以及相伴而来的文化价值受到人们普遍重视，目前产区遍布全球，产量为世界水果之最（占水果总产量的五分之一）❶。

因易于杂交，故柑橘类水果的品种特别多样。探究它们的起源中心，有印度、中国和中南半岛等几种推测❷，但从文献记载看，最早对柑橘类植物进行驯化栽培的地区是中国。

《尚书·禹贡》中提到长江中下游的先民将橘柚作为贡品[1]。先秦的其他古籍，如《山海经》《吕氏春秋》《周礼》《列子》等，对橘、柚、枳等柑橘类果树的记载颇多[2]。东周时期，柑橘成为楚地的重要经济支柱[3]，著名诗人屈原在《橘颂》中称之为"后皇嘉树"。[4] 以上文献记载表明，我国开始人工栽培柑橘的时间不晚于

宋代马麟《橘绿图》
《中国美术全集·绘画编·两宋绘画》，上海人民美术出版社

东周。

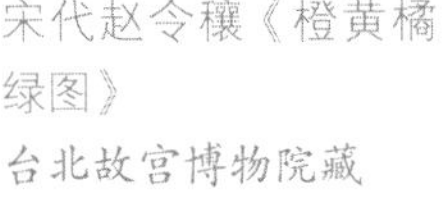
宋代赵令穰《橙黄橘绿图》
台北故宫博物院藏

到唐宋时期，柑橘种植在江浙、四川等地均形成产业，并确立了香橼、橘、柑、柚、橙等栽培品种[5]。果树整枝、病虫害防控以及果实的收获、贮藏等相关技术也达到了相当先进的水平❸。柑橘在12世纪由阿拉伯人传入西方，后来随着地理大发现迅速扩散到世界各地。经过各国园艺工作者的不断选育，产生了上千个品种。目前，巴西是柑橘类水果的最大生产国，中国位居第二。

（李　昂）

参考文献

❶ 沈兆敏. 我国柑橘产销现状、问题及对策. 果农之友，2012(3)：3-4.

❷ Rainer W. Scora.. On the History and Origin of Citrus. *Bulletin of the Torrey Botanical Club*. 1975，102(6)：369-375.

❸ Webber and Batchelor. THE CITRUS INDUSTRY，Volume 1，*History*，*Botany and Breeding*. University of California Press，1967.

注释

[1]《尚书·禹贡》，"淮海惟扬州。……厥包橘柚锡贡"，"……荆州……。包匦菁茅"

[2]《山海经·中山经》，"荆山……多橘柚？""纶山……多组（木且）、栗、橘、柚？"……；《吕氏春秋》，"果之美者，……江浦之橘，云梦之柚"；《周礼·冬官考工记》，"橘逾淮北而为枳"；《列子·汤问》，"吴楚之国有大木焉，其名为柚"

[3] 王玲. 唐宋时期柑橘经济的几个问题. 陕西师范大学硕士论文. 2007.（《史记·苏秦传》中曾提到楚国有堪与齐国鱼盐之利媲美的"橘柚之园"）

[4] 考古证据目前只有汉代墓葬的，记有：马王堆汉墓（香橙种核）；广西贵县罗泊湾汉墓（桔子种核）；广西梧州汉墓（柑橙种核）。

[5] 南宋，韩彦直，《橘录》（1178），是我国最早的柑橘专著，记录了27个品种。

44. 以生铁为本的钢铁冶炼技术

《天工开物》中的锤锚图

《天工开物》中描绘的炼铁炉与炒铁炉联用生产熟铁

在古代的技术条件下有两种炼铁法：一种是块炼法，是在碗式炉或较低矮的竖炉内，在较低温度下将氧化铁还原成海绵铁，再经锻打、挤渣成为熟铁，再渗碳、锻打即可制成钢；另一种是生铁冶铸法，是在高大的竖炉内，以高温将氧化铁还原并增碳成为液态生铁，再从炉中放出，铸成锭块或浇铸成器，生铁可经过多种处理方式炼成钢或可锻铸铁。西方自公元前 2000 年一直采用块炼铁技术，直到 14 世纪欧洲才开始生产生铁并铸成铁器❶。

中国最初使用的人工铁制品也是块炼铁产品，但很早就发明了生铁冶炼技术并随即占据了主流地位。已知最早的生铁制品是山西垣曲天马 - 曲村出土的春秋早期和中期（约公元前 8—公元前 7 世纪）的白口铸铁残块❷。至迟在公元前 6 世纪生铁冶炼技术已有了规模发展，较多的生铁制品出现于黄河中游的晋陕豫和长江中下游的吴楚地区。目前发现最早的冶炼生铁的竖炉是河南西平酒店战国后期的竖炉❸。

以生铁冶铸技术为基础，中国发展出一整套独特而且先进的钢铁冶炼和加工工艺。至迟于战国时期，发明了将白口铁加热获得可锻铸

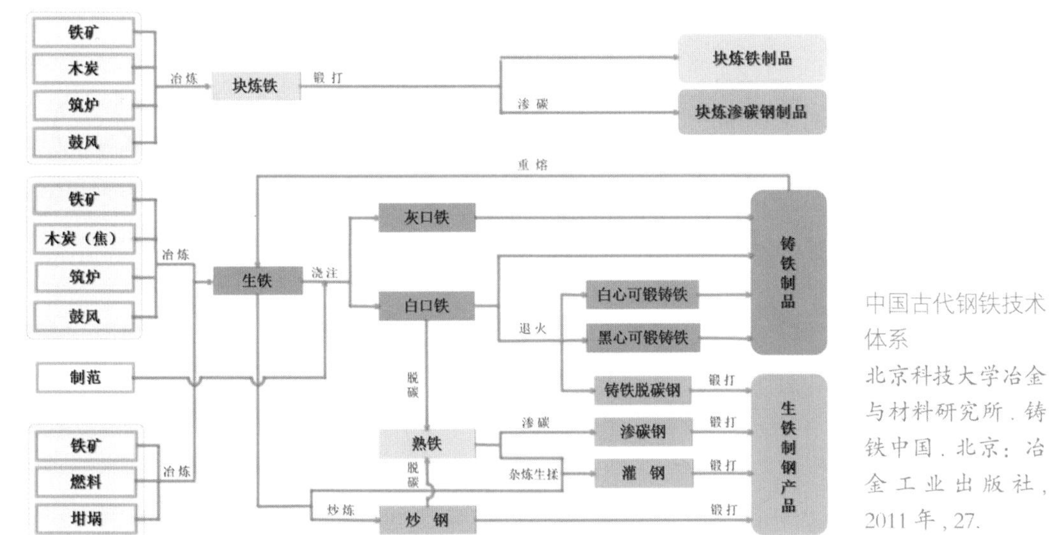

中国古代钢铁技术体系
北京科技大学冶金与材料研究所．铸铁中国．北京：冶金工业出版社，2011 年，27.

铁的铸铁柔化技术、将白口铁退火脱碳获得铸铁脱碳钢的制钢技术；至战国时期开始使用铁范成批铸造铁器；至迟于西汉，中国出现了在半融熔状态下将生铁炒炼脱碳成熟铁或钢的炒铁、炒钢技术；至东汉已经掌握了将钢铁制品进行多次折叠锻打的百炼钢技术，还出现了将生铁和熟铁合炼成钢的制钢技术，之后发展成为灌钢技术。另外，还陆续出现了夹钢、贴钢、生铁淋口、焖钢等多种制钢技术[4]。

中国以生铁为本的钢铁冶炼技术大大提高了社会生产力，创造了辉煌的钢铁文明，为古代政治、经济、文化发展奠定了技术和物质基础。中国古代生铁冶铸技术以中原为中心，逐渐向周边地区扩散传播，促进了周边地区经济和文化的发展，为世界文明的发展做出了重要贡献[5]。

（周文丽）

参考文献

❶ Wagner D B.. *Science and Civilisation in China*, Vol. 5: Chemistry and Chemical Technology, Part 11: Ferrous Metallurgy. Cambridge: Cambridge Univ. Press，2008，356-357.

❷ 韩汝玢．附录六 天马－曲村遗址出土铁器的鉴定．见：邹衡．天马－曲村 1980—1989．北京：科学出版社，2000，1178，1180.

❸ 河南省文物考古所，西平县文物保管所．河南省西平县酒店冶铁遗址试掘简报．华夏考古，1998（4）：27-33.

❹ 杨宽．中国古代冶铁技术发展史．上海：上海人民出版社，1982；华觉明．中国古代金属技术——铜和铁造就的文明．郑州：大象出版社，1999；韩汝玢，柯俊．中国科学科技史·矿冶卷．北京：科学出版社，2007；陈建立．中国古代金属冶铸文明新探．北京：科学出版社，2014，302-307.

❺ 王巍．东亚地区古代铁器及冶铁术的传播与交流．北京：中国社会科学出版社，1999；陈建立．中国古代金属冶铸文明新探．北京：科学出版社，2014，309-383.

45. 分行栽培（垄作法）

分行栽培是指在栽培时按照有行距的直线分行来进行播种或移栽的方法，在它出现之前，农人普遍采用撒播或点播的方式来播种，这样长出来的作物就像满天星斗，显得杂乱无章，不利于中耕除草和收割等田间作业及提高生产效率，也不利于作物的通风、透光，从而影响作物的生长和收成。直到 18 世纪 30 年代，欧洲仍然盛行此种播种方式。

中国古代的分行栽培是随着“畎亩法”这种垄作的方法而发展起来的，它是指在作物播种之前，先在农田上起几条垄，称作“亩”，起垄时两条垄之间被挖出土的地方成为沟，叫做“畎”，早期的分行栽培就是在畎亩上施行的，当时称行为“役”,《诗经》中就有“禾役穟穟”❶的诗句，这表明我国至迟在春秋时期便已经出现分行栽培技术。战国时期，畎亩法趋于完备，分行栽培已

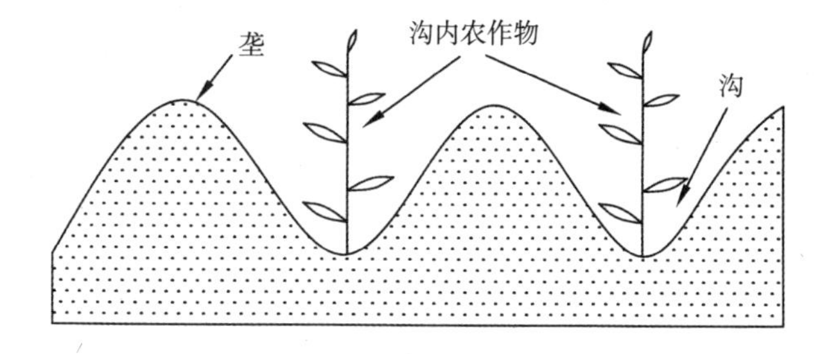

垄作法示意图

完全形成。据《吕氏春秋》记载，当时人们已经认识到分行栽培有利于作物的快速生长，因此在播种时要求做到横纵成行，以保证风和阳光顺利通过田间，并对作物的行距和株距都有严格的规定。[2] 汉代赵过推行的代田法，就是在甽亩法的基础上改进而来的。

发明和推广垄作方法的初衷是为了保墒和排涝，而分行栽培则是为了适应垄作的需要而出现的，但其意义绝不仅限于此。分行栽培不但提高了中耕除草的效率，客观上也为耧车、耧锄、粪耧等先进农具的发明与应用创造了条件。

（杜新豪）

参考文献

❶ 陈节 注译. 诗经. 广州：花城出版社，2002，402.

❷ 冀昀. 吕氏春秋. 北京：线装书局，2007，652-655.

46. 青铜弩机

弩是装有托柄和释放装置的弓[1]，而弩的关键集中体现于弩机[2]。弩与弓的主要区别在于，弩依靠弩机实现张弦和发射过程的分离，做到储能和延时发射。弩的发明地在中国及周边的东亚地区。青铜弩机的发明地在中国，发明年代应不晚于战国时期（公元 5 世纪后半叶）[3][4]。弩和弩机的发明与改进，对古代战争产生了重要影响，被称为“中国之利器”。

青铜弩机是一种非常精巧、坚实的机械装置，由牙（包括望山，瞄准器）、悬刀（扳机）、郭（机匣）、钩心（或称牛，中间杠杆）和枢轴（或称键，销轴）等铜质部件构成的联动机构[5][6]。郭将整个弩机固定于弩臂（木质托柄）后端的空槽内，再与弩臂上的矢道（长条形浅槽）、弓弦及连接件组成了一把能施放箭矢的弩。使用时，弩弓呈水平状态，弩手需依次完成张弦装箭、储蓄弹性势能、瞄准和发射等动作。当手拉弓弦至触碰到望山，牙即上升，钩心的下尖头卡入悬刀的凹槽之中，弩机便处于闭锁状态。发射时，扳动悬刀，使之与钩心脱离，牙失去支承后在弓弦的拉力下旋至退入臂槽的位置，弓弦回弹并释放出强大的弹性势能，箭矢随即射出。只要轻叩扳机，弩机便能即刻发射。[7]

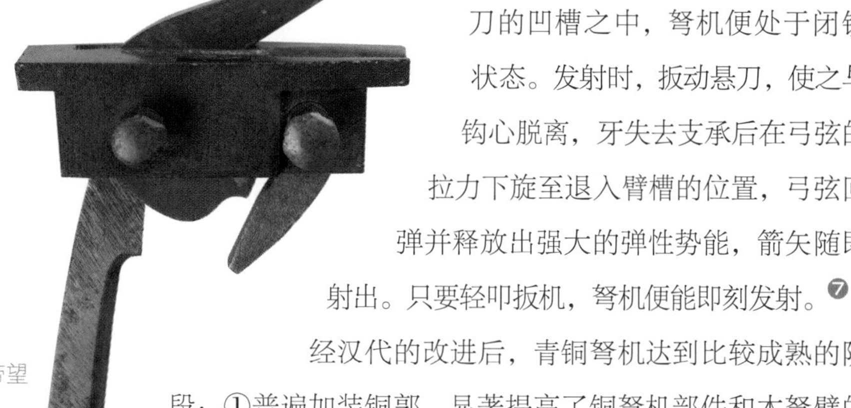
满城汉墓出土带望山刻度的弩机

经汉代的改进后，青铜弩机达到比较成熟的阶段：①普遍加装铜郭，显著提高了铜弩机部件和木弩臂的

秦陵铜车马弓弩的弩机
秦始皇帝陵出土一号青铜马车，文物出版社，2012年，143

受力性能；②出现“世界上最早的射击表尺”——在望山的后侧立面上加上刻度，使得弩具备“三点一线”的瞄准功能；③丰富弩机的类型，特别是可借助臂力之外的动力，如脚踏、绞车等方式张弦，制作大型的劲弩。弩与弓、抛射砲各具优点，成为冷兵器在战场上并用的射击武器。弩机大约公元11—12世纪传至西欧，影响也很大，衍生出其他类型的弩机[8]。

青铜弩机和劲弩的发明实际上得益于中国古代先进的冷兵器技术与制造技术，特别是在金属、非金属材料方面的高超工艺、大规模生产和综合利用[9]。随着火药与火器技术的变革，弩作为武器的影响在很大程度上被取代。如今，体育运动是历史悠久的弩和弩射技术得以延续的主要形式。

（孙　烈）

参考文献

❶❸❺❼❾ 钟少异. 中国古代军事工程技术史（上古至五代）. 太原：山西教育出版社，2008，236-246.

❷ 钟少异. 冷兵器时代. 见：路甬祥. 走进殿堂的中国古代科技史（下）. 上海：上海交通大学出版社，2009，349-353.

❹ 山东省文物考古研究所. 曲阜鲁国故城. 济南：齐鲁书社，1982，154-155.

❻ 陆敬严，华觉明. 中国科学技术史 · 机械卷. 北京：科学出版社，2000，139-142.

❽ Ralph Payne-Gallwey. *The Crossbow: Its Military and Sporting History, Construction and Use*. 2007.

47. 叠铸法

叠铸法亦称“层叠铸造”。指将多层铸型叠合，组装成套，从共用的浇口杯和直浇道中灌注金属液，一次得到多个铸件的铸造方法。这种方法大大提高了劳动生产率，节省造型材料和金属，非常适用于小型铸件的大批量生产。❶ 欧洲在罗马时期曾用这种技术制作赝币。中国最早发明了这一技术，战国时期（公元前 475—公元前 221 年）有著名的齐刀币铜质范盒，它翻制的范片组合起来即为叠铸范。目前只发现这种叠铸铜范盒在齐国使用，因为它要求范腔高度对称，有一定的尺寸精度，制作难度很大。它所制作的是立式叠铸范。所谓立式叠铸，是指铸件采用水平分型面，各层铸范按水平方向叠合，卧式叠铸则与之相反。❷

叠铸是西汉铸钱工艺的一种。根据出土的文物可知叠铸法铸钱的过程为：①以陶范铸造法铸造金属制范盒，铸型由 2 块陶范组成，设一个浇口，未设冒口；②用金属制范盒制作叠铸陶范；③陶范叠合成套，上设浇口杯，外糊草拌泥固定；④陶范入窑内焙烧，出窑后浇注金属液，得到带浇道的钱币。叠铸工艺在西汉早期已用于铸造榆荚半两，西汉中期四株半两承继了叠铸法的铸钱工艺；西汉中晚期，未发现叠铸法用于铸造郡国五株和三官五株，铸钱以平板范工艺中一金属面范与陶背范合范铸钱为主。在王莽早期，叠铸法重新用于铸钱，与金属范铸钱同时并存，王莽晚期，叠铸法又取代金属范成为铸钱的主要方法。❸

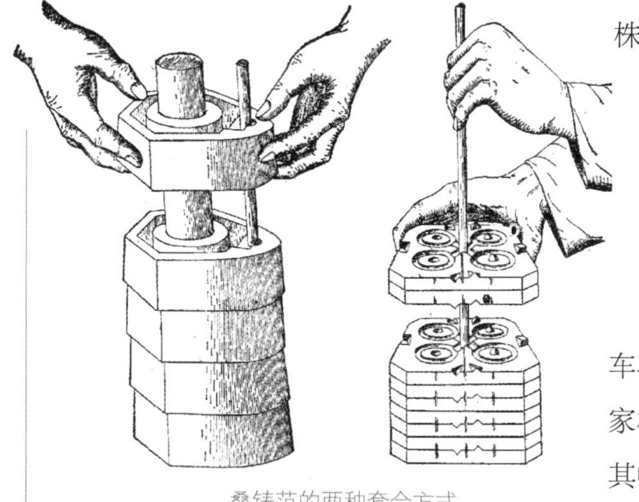
叠铸范的两种套合方式

至迟到王莽时期，叠铸技术也用于车马器、环、链等器物的铸造。❹ 西安郭家村烘窑出土了大量王莽时期的叠铸范，其中的 5 套大泉五十钱范，均高 39 厘米，由23层铸型构成，一层8枚，每套铸钱184枚。此时的叠铸范盒已有很高的设计水平。因为从木模、陶范到制成金属范盒再翻铸成叠铸范和铸成钱币，共经过4次收缩，因此出土范盒的尺寸比钱币要大，而收缩量的选定是通过多次实践获得的。[5]

叠铸技术真正发展成熟起来是到东汉，河南温县西招贤村汉代铸铁遗址烘范窑出土叠铸范可为代表。[6] 该遗址共出土了500多套叠铸范，完整的就有300多套，共16类、36种规格，包括轴套、轴承、车销、车軎、马衔、环、革带扣、权等。叠铸范上的痕迹显示它们是用两种金属范盒翻制的。一种用于制作对开水平分型面的范片，一种用于制造全部型腔在一个范围内的范块。

新莽－大泉五十、小泉直铜质叠铸范盒

汉代叠铸技术的设计非常高超，不仅能够按照铸件的形状和工作要求选择不同的分型面，对收缩量、拔模斜度的考虑也非常合理，而且使吃泥量减小到最小限度。所谓吃泥量，通常指范壁和范腔以及各铸件范腔之间的泥层厚度，有时也指铸范的底厚。叠铸范自带榫卯结构，扣合紧密。轴套范等采用心轴组装，环范等采用定位线组装。复杂的浇注系统包括浇口杯、直浇道、横浇道和内浇道，并根据器件的种类分别采用封闭式、半开放式和开放式。

从三国到南北朝，叠铸法仍为铸钱业所用。唐宋时期不再用于铸钱业。但叠铸技术仍一直存在，广东佛山地区使用这种技术铸造小型构件和艺术铸件，据说已有800年的历史。[7]

（刘　煜）

参考文献

1. 华觉明．中国古代金属技术—铜和铁造就的文明．郑州：大象出版社，1999，390-392.
2. 华觉明．中国古代金属技术—铜和铁造就的文明．郑州：大象出版社，1999，394.
3. 廉海萍．汉代叠铸法铸钱工艺研究．文物保护与考古科学，2008，第20卷．增刊：53-60.
4. 陕西省博物馆．西安北郊新莽钱范窑址清理简报．文物，1959（11）：12-13.
5. 韩士元．新莽时代的铸币工艺探讨．考古，1965（5）：243-318.
6. 河南省博物馆，中国冶金史编写组．汉代叠铸．北京：文物出版社，1978.
7. 夏永和．薄壳泥型．铸工，1959（2）：8-10.

48. 多熟种植

多熟种植是指一年内在同一块土地上种植两种或两种以上农作物的技术，是作物种植在时间与空间上的集约化，它包括复种和间套作两种形式。❶ 我国先民至迟从战国时期就已通过多熟种植来提高复种指数，使地力得到充分的利用，而直至18世纪，欧洲在土地利用方式上还在采用通过休耕来恢复地力的三圃制甚至二圃制。

《荀子》中“一岁而再获之”❷ 与《吕氏春秋》中“今兹美禾，来兹美麦”❸ 的文献记载，清晰地表明在战国时期，一年两熟或两年三熟的轮作复种制就已在某些地区的农业生产实践中得到应用；汉代中国北方的大多数土地都已实行轮作连种制，还出现了混作、套种的方式；隋唐宋元时期，中国南方地区在人口的压力下，出现了再生稻、间作稻、连作稻等多种形式的双季稻和稻麦轮作的二熟制，南方某些地区还在稻麦二熟的基础上加种春花，实现一年三熟，当时的间作技术已经能熟练地照顾到各种作物的习性，使其相得益彰，如元代《农桑辑要》中就有在桑树

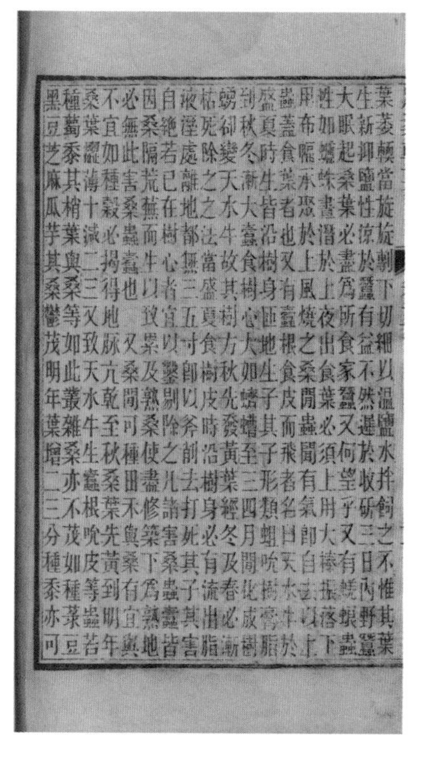

《农桑辑要》中有关套种的记载

行间种植禾稼的记载："若种薥黍，其梢叶与桑等，如此丛杂，桑亦不茂。如种绿豆、黑豆、芝麻、瓜、芋，其桑郁茂；明年叶增二三分"[4]，这种技术合理地搭配高矮作物，能够充分利用阳光和空气流通的空间。明清时期，复种、间作、混作、套作等技术也得到了进一步的发展和普及，清代时，甚至通过对蒜、菠菜、白萝卜、小蓝、麦等蔬菜、粮食和快熟作物的间作套种，实现两年十三收。[5]

以复种、间作、套作为主要表现形式的多熟制度，是我国精耕细作农业的精髓所在，在人多地少的条件下，为提高土地利用率与单位面积产量做出了重大的贡献，缔造出所罕见的以少数耕地养活多数人口的奇迹，迄今如此。

（杜新豪）

参考文献

1. 刘巽浩，等. 中国的多熟种植. 北京：北京农业大学出版社，1987，1.
2. 安继民 注译. 荀子. 郑州：中州古籍出版社，2006，142.
3. 冀昀. 吕氏春秋. 北京：线装书局，2007，650.
4. （元）大司农司，马宗申 译注. 农桑辑要译注. 上海：上海古籍出版社，2008，120.
5. 郭文韬. 中国古代的农作制和耕作法. 北京：农业出版社，1981，23-24.

49. 针灸

针灸通过物理刺激人体穴位治病防病。其中，针法是用金属针具针刺穴位，灸法则是用燃烧的艾绒或其他热源烧灼或温烤穴位。针灸是一种没有毒副作用的绿色疗法。更为奇特的是，它具有良性双向调节作用；这使它不同于许多药物治疗。例如，“针刺足三里，对于便秘患者表现为润滑的效应；对于泄利的患者，表现为收涩的效应；对于大便正常的患者，则表现不出治疗的效果。也就是说，不管机体向什么方向偏离，针灸都产生一个向平衡态回归的效应。当接近正常值时，效应就会自动停止，不会产生矫枉过正的情况。”❶ 然而，现代医学仍然无法解释针灸产生作用的机制。一些科学家们正在努力攻克这个难题，有可能发现人类身体另外一些未知的奥秘。

历史上许多民族都曾使用针刺和热烤身体某些部位来缓解病痛，但是，他们并没发现遍布全身的穴位，更谈不上将这些穴位与针刺和热灸这类物理疗法结合起来。中国古代医家恰恰做到了这一点。因此，中医学意义上的针灸的出现，应该开始于针刺、热灸与穴位

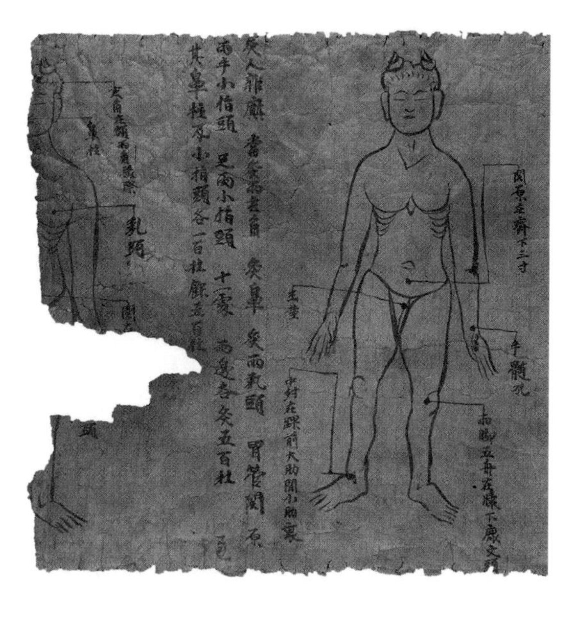

敦煌残卷中描绘的灸法

的结合。[2]

按照上面的标准，针灸的出现不晚于公元前3世纪末。我们在马王堆出土文献[3]以及《史记·扁鹊仓公列传》[4]中，都发现了明确针灸穴位的记载。在这些文献中，穴位往往是体表可以指触到动脉搏动的地方。例如，手腕部测量脉搏的地方即是古代的太渊穴。[5]脉的搏动被认为是身体里的气动造成的。脉动异常则意味着身体出现了疾病。针刺和热灸这些部位，旨在调气以使身体恢复正常。

明·仿宋针灸铜人（局部）

后来，穴位的发展大大突破了这种限制，重要的穴位数量达300余处。[6]针灸也被应用到更广泛的医疗活动中。20世纪50年代，中国人成功地进行首例针刺麻醉手术。[7]从此，针灸疗法开始受到世界范围内的瞩目。

（韩健平）

参考文献

1. 黄龙祥. 黄龙祥看针灸. 北京：人民卫生出版社，2008，83.
2. 黄龙祥. 针灸. 北京：人民卫生出版社，2011，3.
3. 周一谋. 马王堆医书考注. 天津：天津科学技术出版社，1988，147.
4. 韩兆琦. 史记笺注. 南昌：江西人民出版社，2004，5260、5262、5264.
5. 黄龙祥. 实验针灸表面解剖学. 北京：人民卫生出版社，2007，235.
6. 杨甲三. 针灸腧穴学. 上海：上海科学技术出版社，1989，8.
7. 黄龙祥. 黄龙祥看针灸. 北京：人民卫生出版社，2008，91、137-142.

50. 造纸术

传统手工造纸的基本方法，是先用植物纤维制成纸浆，再以帘模滤水，使纤维交叠其上形成薄片，继而揭下晾干成纸。中国传统的造纸技术主要分为浇纸法和抄纸法。浇纸法是将纸浆直接浇到帘模上成型，故而产品表面粗糙，纤维分布不均。抄纸法则是在纸浆中加入纸药，和水搅拌，令纸浆悬浮后，再以帘模入水，抄出纸张，因此产品表面较为光滑，往往有帘纹，纤维分布均匀❶。两种方法先后出现，迄今并存。晋唐以降，抄纸法是主流技术。麻、楮树皮、藤、竹、麦稻茎秆等植物纤维，都曾先后用作造纸原料。

公元前2世纪（西汉前期）已出现植物纤维纸。从考古发现和文献记载来看，西汉古纸主要用作包装材料。1930年代以来，新疆、甘肃、陕西等地8次发现西汉（含新莽时期）古纸❷。天水放马滩汉墓出土纸张绘有墨线图样，或系地图残片，推测属于汉文帝、景帝时期（公元前179—公元前142年）❸。敦煌悬泉置（汉武帝时期设立的驿站）遗址发现古纸460片，经检验可知由麻类纤维制成。西汉地层出土者全为浇纸法产品，东汉地层有少量抄纸法产品❹，其中汉昭帝时期（公元前86—公元前74年）地层出土古纸尚有隶书药名字迹，是迄今所见最早有文字的纸❺。

西汉早期纸质地图残片：甘肃天水放马滩汉墓出土西汉古纸（残长5.6厘米，宽2.6厘米）
何双全《天水放马滩秦墓出土地图初探》，《文物》1989年第2期

公元2世纪初，尚方令蔡伦对制造作为书写材料的纸张有重大贡献。按《后汉书·蔡伦传》："自古书契多编以竹简，其用缣帛者

谓之为纸。缣贵而简重，并不便于人。伦乃造诣，用树肤、麻头及敝布、渔网以为纸。元兴元年（公元105年）奏上之，帝善其能，自是莫不从用焉，故天下咸称蔡侯纸。”[6]西汉已用浇纸法生产麻纸。经过工艺改良的“蔡侯纸”很可能是抄纸法产品，平滑光洁，适合书写。选择树皮、麻头（生麻废弃部分），可大量获得廉价原料，降低成本。

《天工开物》抄纸图
宋应星《天工开物》卷中，75b，《中国古代科技图录丛编初集》（中华书局1959年）影印崇祯十一年刻本

纸张适合书写、绘画和印刷，是文字和信息传播的理想载体，对人类文明产生了重大影响。公元3—4世纪，中国书籍的书写材料普遍由简牍（竹、木）转化为纸张。敦煌莫高窟藏经洞保存了三国至北宋（公元3—11世纪），800多年间的经卷、文书、佛画等纸质文籍，总数约达5万件。纸与造纸术（抄纸法）在公元3—5世纪先后传入越南、朝鲜、日本，8世纪传至西亚，12世纪传入欧洲[7]。印刷术发明后，纸张成为最基本的印刷材料。

（郑　诚）

参考文献

1. 李晓岑. 浇纸法与抄纸法——中国大陆保存的两种不同造纸技术体系. 自然辩证法通讯，2011（5）：76-82.
2. 潘吉星. 中国古代四大发明——源流、外传与世界影响. 合肥：中国科学技术大学出版社，2003，31-32.
3. 田建，何双全. 甘肃天水放马滩秦汉墓群的发掘. 文物，1989（2）：1-11.
4. 李晓岑，王辉，贺超海. 甘肃悬泉置遗址出土古纸的时代及相关问题. 自然科学史研究，2012（3）：277-287.
5. 何双全. 甘肃敦煌汉代悬泉置遗址发掘简报. 文物，2000（2）：4-20.
6. 范晔. 后汉书. 卷七十八. 北京：中华书局，1965，2513.
7. 钱存训. 书于竹帛：中国古代的文字记录. 上海：上海书店出版社，2006，100-104.

51. 胸带式系驾法

系驾法是指通过一套专设装置（即挽具），来利用一匹或几匹牲畜形成牵引系统的方式。挽具本身有许多部件，一套合理的挽具结构应当充分利用所有牲畜的力量，并使他们工作协调，以更有效率地驱动车辆或机械装置。中国古代胸带式系驾法的出现时间早于世界其他地区，并对社会发展产生重要的积极影响。

系驾法的发展与车的形制关系密切。东西方最早的车都是独辀车，即车体与牲畜之间仅用一根木杆连接，因此牵引点很自然地被沿着牲畜背部的中间线放置。如果使用超过一头牲畜，则在木杆前端加装衡和轭来分别控制牲畜。最早的系驾法可从古埃及法老陵墓和神庙壁画中的马车上看到，牲畜佩有颈带（位于颈前）和肚带（绕在肚子和肋部的后端），牵引点就位于两带相会之处，其中颈带是牲畜施力的主要部位[1]。古埃及的系驾法对地中海沿岸地区影响深远，与罗马帝国时代主要使用的系驾法一脉相承。而在外高加索地区以东的广大地区，则逐渐发展出连接前面的横木与车轴的靷绳，部分分担了轭的传力功能，因此亦被称为“轭靷式系驾法”[2]。

东汉·辎车画像砖

这种与独辀车相适应的系驾法在驾驶时需要很高技巧[3]，尤其是在横木所系的两匹服马两侧还各有一匹骖马时，靷绳与骖马所曳的靳绳在车轴上的系结点在车箱底部的分布和各条靷绳受力的大小必须安排得当，否则车子很难按照御者的意图平稳前进。马拉战车在山地等地形更是行进困难。战国时期，车的形态开始由独辀改为双辕，使得系驾法也从轭靷法向胸带法过渡，驾车变得相对容易。❶

双辕车最早以牛牵引。车战衰落后，马车退居为主要用于出行，对车速要求降低，并且出现双辕驾一马的车。驾一匹马不能只系单靷，而必须系双靷。一开始双靷可能系在轭的左右两軥上，到西汉初年，两靷逐渐与轭分离，而连接为一整条绕过马胸的胸带。这种系驾法不仅简便，而且将支点与曳车的受力点分别置于马的颈部和胸部，使马局部受力相应减轻，并能更好地利用马胸肌的力量。❷

双辕车直到罗马帝国晚期（约公元 4—5 世纪）才在欧洲出现，❸这可能缘于西方马车轮径较小，不便放置双辕的传统。胸带式系驾法在我国被采用的时间比西方早数百年，是从西汉到宋代的主要系驾方式。

（陈　巍）

参考文献

❶ 孙机. 中国古舆服论丛. 上海：上海古籍出版社，2013，61.

❷ 孙机. 中国古舆服论丛. 上海：上海古籍出版社，2013，62-65.

❸ M. Littauer. *Selected Writings on Chariots, other Early Vehicles, Riding and Harness*. Leiden: Brill. 2001: 181.

注释

[1] 1977 年 J. Spruytte 所做实验表明“颈带法”的效率不低，马车载重量与现代系驾法相近。罗马时期的“背轭法”（dorsal york）和塞纳河到莱茵河以北地区的“颈轭法”（neck york）都不会影响马的呼吸。参考 Judith A. Weller. Roman Traction Systems. http://www.humanist.de/rome/rts/index.html。

[2] 夏含夷根据岩画的车辆图像中近似的轮辐的数量及车轴的位置，认为外高加索以东地区具有同一类型的采用轭靷法的马车，而高加索地区马车出现、发展和衰落的时间均早于东亚（Edward L. Shaughnessy. Historical Perspectives on The Introduction of The Chariot Into China. *Harvard Journal of Asiatic Studies*. 1988(1): 189-237.）。

[3] 古代也有将四匹马固定于双辕之上的战车，年代最早的发现于公元前 7-8 世纪在塞浦路斯发现的 Salamis 希腊遗址（M. Littauer. *Selected Writings on Chariots, other Early Vehicles, Riding and Harness*. Leiden: Brill. 2001: 181.）。

52. 温室栽培

温室栽培是指利用能保暖、加温、透光的设备及相关的技术措施，人为地创造适宜植物生长的小气候环境，以保护植物御寒、御冬或促使生长和提前开花、结果，它的出现打破了植物生长的地域和时空界限，满足了园艺作物周年连续供应的需求。❶ 我国是世界上温室栽培历史最悠久的国家，在温室增温技术方面有诸多创造。

据记载，秦始皇曾命人冬季在骊山陵谷中温处种瓜，在冬季寒冷的北方种瓜，肯定会有所覆盖，据此推测中国最早的温室可能出现于秦代。然而有关温室最早的确切记载则出现在汉代。汉元帝（公元前 74 年—前 33 年）于太官园中种葱、韭、菜茹，采用的办法是盖一座密封的屋庑，在屋内昼夜燃火来提高室温，这样蔬菜就得以在隆冬正常生长。❷ 当时各地向朝廷进贡的新味就有很多是通过“郁养强熟”的方式培育的，❸ 富人享用的东西也有“冬葵温韭”❹，说明早在汉代利用温室栽培蔬菜已变得较为普遍。温室还被用于花果栽培，其中最著名的当属堂花术，唐代诗人白居易就有“惯看温室树，饱识浴堂花”的诗句❺，堂是用纸饰密室[1]，在室里开沟，把花盆放于沟上用绳与竹搭成的架子上，在沟中倒入热水，并施牛溲、硫黄等热性肥料，以增加室内温度，通过这种办法来促使堂中的花卉提前开放。❻ 这种花卉栽培技术在唐代出现之后，一直沿用至今，北京中山公园的唐花坞就是从堂花术发展过来的。

古罗马约在中国汉代之时也出现了温室，是一种用云母片搭成的暖房，虽比中国用纸糊等方法透光性强，但没有中国类似的生火等内部加热的措施，其技术也未能流传下去。❼ 温室在其他地区的

以传统温室栽培技术修建的近代温室建筑——唐花坞

出现则要晚得多。西欧的温室栽培出现在 18 世纪初，美国则是在 1880 年开始有温室栽培，日本是在 1830 ~ 1840 年才有温室，日本的温室称为“纸屋”，很可能受到中国堂花术的影响。

（杜新豪）

唐花坞内的植物

参考文献

❶ 黄丹枫，等. 现代温室园艺. 上海：上海教育出版社，2005，1.

❷（汉）班固. 汉书. 卷八十九. 北京：中华书局，1962，3642-3643.

❸（汉）班固. 汉书. 卷十. 北京：中华书局，1962，425.

❹（汉）恒宽. 盐铁论. 卷六. 上海：上海人民出版社，1974，66.

❺ 谢思炜. 白居易诗集校注. 第 5 册. 北京：中华书局，2006，2076.

❻（宋）周密. 齐东野语. 卷十六. 济南：齐鲁书社，2007，205.

❼ Marcus Valerius Martialis. *Epigrammata*. Apud Franciscum Hackium Lugd. Batavorum，1656，796.

注释

[1] 很可能是用纸作为温室的窗子来增强透光性，而不是现代学者解读的用纸做成房子。

53. 提花机

提花机是能够贮存提花信息的织机。凡有花纹的纺织品在织造时，将提花信息用各种安装在织机上的提花装置贮存起来，以使得这种记忆的开口信息得到循环使用。这就如同今天计算机的程序，编好这套程序之后，所有的运作都可以重复进行。在提花机出现之前，织物上的花纹要通过挑花来完成。挑花的方法有两种：挑一纬织一纬，或者挑一个循环织一个循环。无论哪种方法，挑花的信息都无法长期贮存并反复利用，这样即使在织造重复花纹时也需要重新挑花，费时费力。为解决这一问题，古人摸索出两条途径，由此而走向提花技术。一是将挑花杆“软”化，即用综线来代替挑花杆，这样演变成为多综式提花机；另一条道路是保持挑花杆挑好的规律不变，而寻求某一种关系，把其中的规律反复地传递给经丝，这样就出现了花本式提花机❶。

多综式提花机在西汉已经出现。四川成都天回镇老官山汉墓出土的四部织机模型，是迄今发现最早的提花机实物。它们由竹木构成，结构复杂，部件上残存有彩色丝线。其中一部织机略大，高约 50 厘米，长约 70 厘米、宽约 20 厘米，其他三部略小，大小相近，高约 45 厘米、长约 60 厘米、宽约 15 厘米，初步判断是蜀锦织机的缩小模型❷。织机上残存有多片综框，是一种多综式提花机❸。出土织机的墓葬据推测在西汉景帝、武帝时期，因此提花机的出现年代应不晚于公元前 1 世纪。

成都老官山汉墓出土的提花机模型

受中亚纬锦织机的影响，约在初唐时期，以线制花本为特征的束综提花机出现❹。这种提花机由两人配合操作，一人坐在花楼之上专门负责提花，另一人脚踏地综，投梭打纬，这样，花纹循环可以大大增加。最先出现的是一种小花楼机，其图像最早可见于南宋吴皇后题注本的《蚕织图》。到明代，小花楼机已相当完备，《天工开物》中有关于其机式与全图的详细记载[1]。束综提花机的发展顶峰是大花楼机，约唐末五代时出现❺。其特点是花本大而呈环形。大花楼机可以织造花纹循环极大的织物，比如龙袍一类的袍料，循环达十余米。明清时期最精美的妆花织物多是由大花楼机织造的。

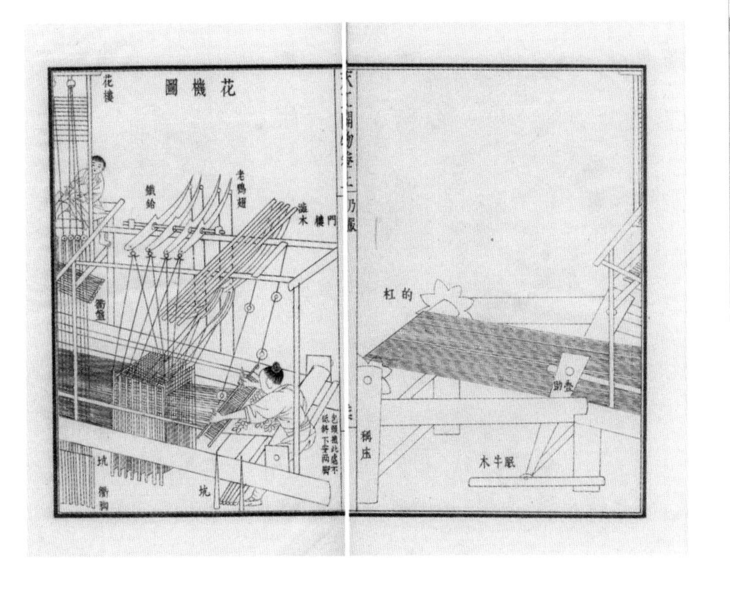

《天工开物》记载的提花机

提花机是中国古代一项极为重要的发明，它的出现对世界近代科技史也有影响。18 世纪，借鉴花楼机上挑花结本的提花原理，法国人贾卡制成了用打孔的纸版和钢针来控制提花的纹版提花机。19 世纪，打孔的纸版对早期计算机的程序控制有启发。

（刘　辉）

参考文献

❶ 赵丰. 中国丝绸艺术史. 北京：文物出版社，2005，22.
❷ 成都文物考古队. 成都“老官山”汉墓出土织机模型、人体经穴漆人像及大批医简. 中国文物报，2013-12-20：4.
❸ 成都文物考古研究所，荆州文物保护中心. 成都市天回镇老官山汉墓. 考古，2014（7）：59-70.
❹ 赵丰. 中国丝绸艺术史. 北京：文物出版社，2005，24.
❺ 赵丰. 中国传统织机及织造技术研究. 上海：东华大学，1997，107.

注释

[1]（明）宋应星《天工开物》卷上《乃服第六》

54. 指南车

指南车，又称司南车，是中国古代的一类特种车辆。借助巧妙的传动机构，车辆在行进中无论怎样转向，车上的木人始终将手臂指向正南。这种车主要用作帝王出行中的属车，在各种车辆、护卫、仪仗之中最先启行。

据《西京杂记》卷六记载，西汉时期就有指南车。三国时期，马钧奉魏明帝之令，再次制成指南车[1]，但马钧的指南车在晋乱时复亡。五胡十六国时期（公元 304—589 年），后赵皇帝石虎命解飞造指南车，后秦皇帝姚兴又让令狐生造指南车[2]。姚兴的指南车的构造如鼓车，上面有木人举手指示方向，车转而木人保持指向不变。南朝刘宋昇明年间（公元 477—479 年），祖冲之奉命重造指南车。他改用铜制机构，制成一辆性能良好的指南车[3]。在祖冲之以后，隋、唐、宋、金时期均制造过指南车[4]。由于指南车制作技术的继承性差，不同朝代的指南车在构造上当有所区别，甚至差别很大。宋元以前的文献关于指南车构造的记载都过于简略。

指南车带有能够自动调节转向的机构，反映了古人设计机械装置的聪明才智，在技术史上占有一定的地位。大多数学者认为指南车的传动机构应该包含齿轮系。到 20 世纪 80 年代初，后人推想了近 20 种指南车的传动机构，这些机构大致分为定轴轮系和差动轮系两大类，定轴轮系方案中有自动离合装置[5]。兰彻斯特（George Lanchester）提出了差动轮系的复原方案[6]，不过，许多技术史家怀疑古代是否出现过这种发达的齿轮传动机构。

《宋史·舆服志》和《愧郯录》比较详细地记载了北宋燕肃和

吴德仁分别制作的指南车。北宋天圣五年（1027 年），燕肃献指南车，此车为双轮独辕，在车轮与木人之间采用齿轮传动。王振铎等现代学者根据《宋史》的记载，提出了指南车的不同复原方案[7]。颜鸿森和萧国鸿系统分析了能够实现指南的多种机构[8]。

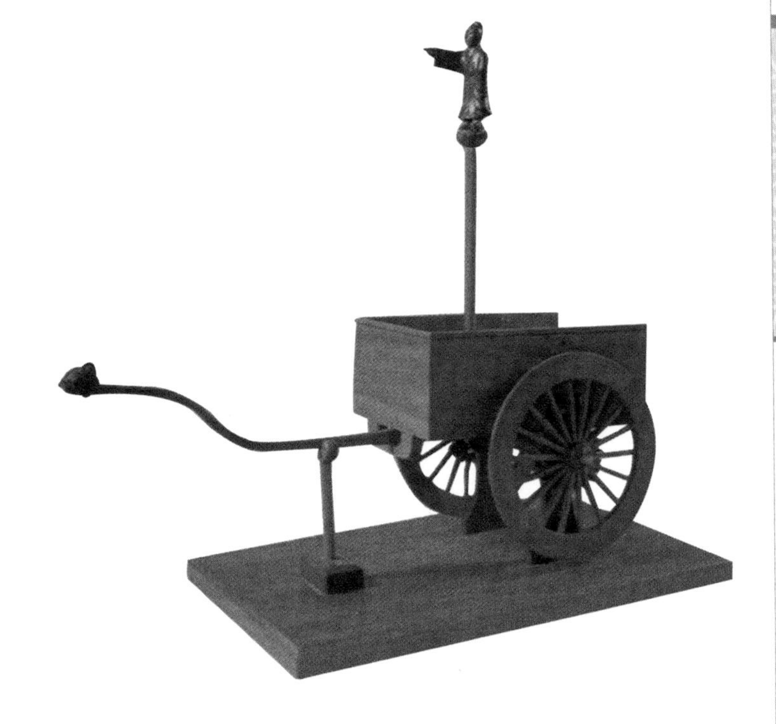

指南车模型
卢嘉锡，席泽宗主编，彩色插图中国科学技术史，中国科学技术出版社，1997 年，111

由于存在制造精度和道路质量等复杂因素，指南车在不平整的道路上行进过程中会不断累积误差，以至于不易持续指南。因此，指南车更多地作为一种仪仗的象征，人们不一定真的靠它准确地指示方向。

（张柏春）

参考文献

1. 傅玄. 马先生传. 见：严可均 辑. 全上古三代秦汉三国六朝文. 全晋文. 卷五十. 北京：中华书局，1958，1747.
2. 南朝梁（502-557 年）时期沈约《宋书 · 礼志》
3. 萧子显. 祖冲之传. 南齐书. 卷五十二. 北京：中华书局，1972，905-906.
4. 记载见于：《隋书 · 礼志》、《旧唐书 · 舆服志》、《新唐书 · 车服志》、《宋史 · 舆服志》及《金史 · 舆服志》。
5. 陆敬严. 八十年来指南车的研究. 自然辩证法通讯，1984，6（1）：52-58.
6. Needham. *Science and Civilisation in China*, Volume 4, Part II. Cambridge at the University Press，1965，299.
7. 王振铎. 科技考古论丛. 北京：文物出版社，1989，1-49.
8. Hong-Sen Yan. *Reconstruction of Designs of Lost Ancient Chinese Machinery*. Springer，2007，109-268.

55. 水碓

水碓是一种水力驱动的舂捣式加工机械。它是古代杵臼发展到一定阶段的产物，主要用于舂捣稻谷等谷物或捣碎其他加工对象。文献记载表明，中国最早使用水轮的机械是水碓。❶ 生活在两汉之交的桓谭在《桓子新论》中就提到“役水而舂”的水碓；东汉服虔的《通俗文》和孔融的《肉刑论》均提到了这一器具；东晋傅畅在《晋诸公赞》说西晋时杜预发明了连机碓。❷ 所谓连机碓，就是指沿着一个立式水轮的横轴设置多个碓的水碓。直到元代，王祯《农书》才首次绘出了连机碓的图像。

在香港特别行政区的香港文化博物馆与在北京的中国农业博物馆各收藏一具汉代连机水碓模型明器，证实我国至晚于汉代已经有连机碓。❸ 尽管香港文化博物馆的模型明器是残件，但经分析，该

水碓作坊模型明器（香港文化博物馆收藏）

春米坊的三个碓头是由舂米坊后侧的立式水轮（已缺失）带动横轴驱动。中国农业博物馆收藏的水碓模型有四个碓头，作坊外侧的立式水轮清晰可见。

水碓以立式水轮为驱动装置。拨动碓杆末端的拨板把横轴的连续转动转换为碓杆上下舂捣的间歇性运动，是我国技术史上最早利用“凸轮”的实例。公元1世纪古罗马也出现了水碓（加工粮食或矿石）。[4] 但正如李约瑟所说，我国水碓的机构与欧洲的明显不同，主要表现在碓杆是卧式的，而欧洲的多为立式，前者碓的重量由支点承担，后者完全落在横轴的凸耳上。[5]

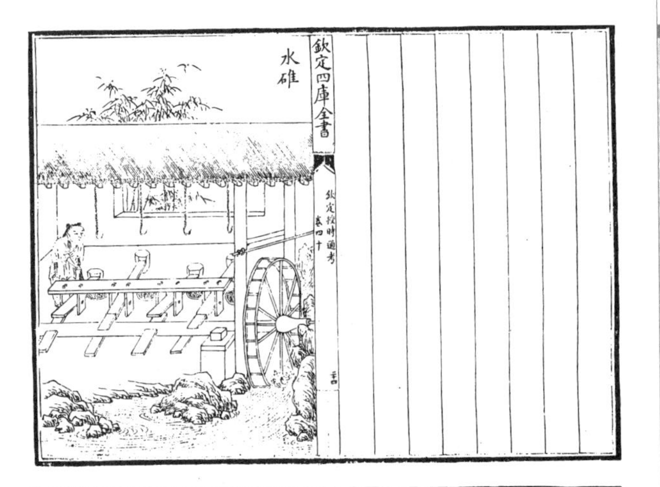

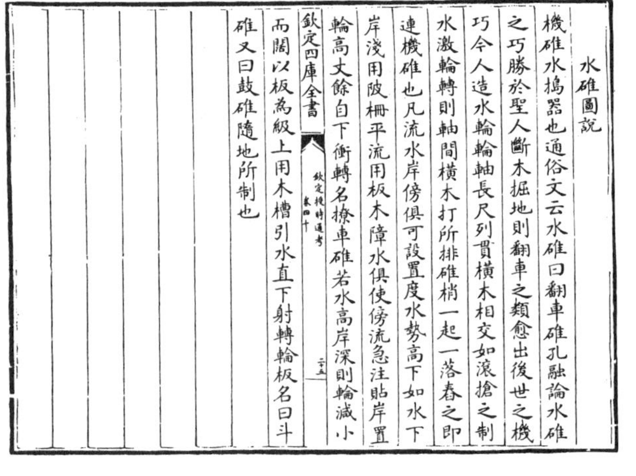
欽定四庫全書

水碓圖說

機碓水擣器也通俗文云水碓曰翻車碓孔融論水碓之巧勝於聖人斷木掘地則翻車之類愈出後世之機巧令人造水輪輪軸長尺列貫橫木相交如滚搶之制水激輪轉則軸間橫木打所排碓梢一起一落舂之即連機碓也凡流水岸傍俱可設置度水勢高下如水下岸淺用陂柵平流用板木障水俱使傍流急注貼岸置輪高丈餘自下衝轉名撩車碓若水高岸深則輪減小而闊以板為級上用木槽引水直下射轉輪板名曰斗碓又曰鼓碓隨地所制也

《授时通考》引用王祯《农书》的水碓

（史晓雷）

参考文献

1. 张柏春. 中国传统水轮及其驱动机械. 自然科学史研究，1994（2）：155.
2. 清华大学图书馆科技史研究组. 中国科技史资料选编——农业机械. 北京：清华大学出版社，1982. 266-268.
3. 史晓雷. 汉代水碓的考古学证据. 农业考古，2015（1）：193-196.
4. Andrew Wilson. Machines, Power and the Ancient Economy. *The Journal of Roman Studies*. 2002，92：16.
5. （英）李约瑟. 中国科学技术史. 第四卷：物理学及相关技术 · 第二分册. 机械工程. 鲍国宝，等 译. 北京：科学出版社，1999，442-446.

56. 新莽铜卡尺

新莽铜卡尺是世界上最早的滑动卡尺，因其上铸有“始建国元年正月癸酉朔日制”字样，故可判定其铸造时间为新朝王莽始建国元年（公元 9 年）。现存世铜卡尺有三件，分别收藏于中国历史博物馆、北京艺术博物馆和扬州博物馆。[1] 前两件的来源信息缺失，曾被怀疑为后世仿品。20 世纪 70 年代末中国历史博物馆（今国家博物馆前身）曾组织专家对馆藏铜卡尺进行鉴定，根据卡尺纹饰和铭文的艺术特征、磨损与氧化情况，以及对卡尺合金成分的定性分析，并通过与 1927 年甘肃出土新莽铜权合金成分的比较，认定其为真品。[2] 现藏于扬州博物馆的一件，1992 年在江苏邗江县东汉早期墓穴中出土，为此类量具在新朝至东汉早期的存在提供了确凿的证据。[3]

新莽铜卡尺由固定尺和活动尺两部分组成，两尺通过导槽、导销、组合套等部件嵌合在一起，后者可以在前者上平行滑动。两尺上都有刻度，且在一端都有一个 L 型的卡爪。当两卡爪并拢时，两尺上的刻度基本对齐。考古学者推测铜卡尺在当时是用来测量圆柱形器物的直径或内径的。将器物置于卡尺的两个卡脚之间，或用卡脚分别抵住器物的内缘两边，易于读出准确的直径或内径读数，比使用普通的直尺测量要方便得多。

新莽铜卡尺被公认为现代卡尺的先驱。[4][5] 不过，这种工具不具备现代游标卡尺最重要的差分测微功能。其奥妙在于现代游标卡尺的固定尺和游标尺上的刻度不是像铜卡尺那样完全对齐的，而是存在一个微小的差。比如固定尺上的最小刻度是 1 毫米，游标尺上的最小刻度则是 9 毫米的十等分，即 0.9 毫米。因此当固定尺和游

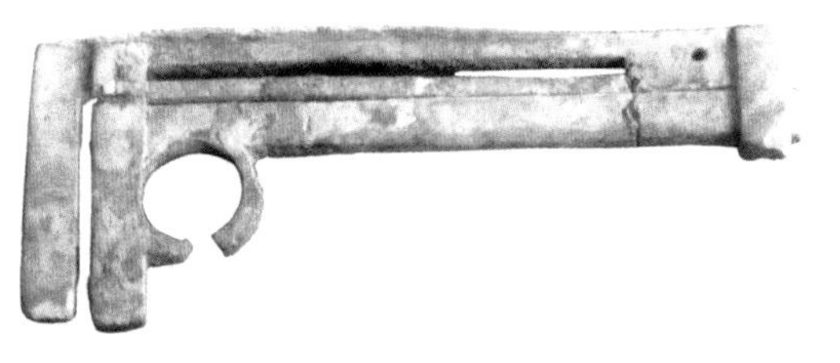

新莽铜卡尺
丘光明，中国古代计量史，安徽科学技术出版社，2012 年，76

标尺的 0 线对齐时，主、副尺第一线相差 0.01 厘米，第二线则相差 0.02 厘米，依此类推，第九线则相差 0.09 厘米。通过计算这种细微差异，可以把读数的精确度提高近一个数量级。这一原理最早由法国数学家 Pierre Vernier 在 1631 年其著作 ***La construction, l'usage, et les propriétés du quadrant nouveau de mathématique*** 中提出。到 1851 年，美国工程师 Brown Sharp 才借助精密机械制造技术，造出实用的现代游标卡尺。❻

（苏　湛）

参考文献

❶ 丘光明. 新莽铜卡尺. 中国质量技术监督，2001（9）: 59.

❷ 刘东瑞. 世界上最早的游标量具——新莽铜卡尺. 中国历史博物馆馆刊，1979（0）: 94-98.

❸ 李健广. 东汉铜卡尺. 中国计量，1997,（4）: 50.

❹ Helaine Selin. *Encyclopaedia of the History of Science, Technology, and Medicine in Non-Westen Cultures*. Springer，1997，1011.

❺ Needham J.. *Science and Civilization in China*, 4, Part1. Cambridge University Press, London，1962.

❻ 唐肇川. 卡尺的来龙去脉. 中国计量，2005（7）: 46-48.

57. 扇车

扇车是一种粮食清选工具，通过快速转动扇轮产生气流，清除谷物中的糠秕。扇车属于速度型离心式鼓风器，工作效率远高于扬扇、簸箕等。

西汉元帝（公元前48—前33年）时，史游《急就篇》讲到："碓硙扇隤舂簸扬"。[1] 其中的"扇"可能是扇车。河南、山西及山东等地已发现多件西汉末（公元1世纪前后）至东汉的陶制扇车明器模型。这些扇车模型与碓组成粮食去皮、清选的加工作坊。

两汉之交的扇车已具有多种类型。半敞式扇车将扇轮夹于两箱板之间，轴位于中间高度或置于箱顶，如洛阳旭升村东汉晚期扇车模型、济源西窑头村西汉末扇车模型。元代仍然可以见到转轴位于箱壁顶部的半敞式扇车。王祯《农书》以图说形式描绘了扇车，说明这种结构简单的机械颇具效率。两汉之交还出现了更先进的封闭式扇车，如济源泗涧沟西汉成帝至新莽扇车模型。它将扇轮封在箱内，进风口位于轴部，箱内气流顺应离心运动方向；并将出风口收缩，防止气体漩涡回流，又提高了出风动压，将糠秕输送得更远[4]。封闭式扇车使用广泛，在明代《顾氏画谱》[5]、《天工开物》和清代《授时通考》中都有记载。那时

洛阳东关汉墓陶扇车与陶石碓
余扶危，贺官保．洛阳东关东汉殉人墓．文物，1973(2)：55-62.

济源泗涧沟 24 号新莽墓陶扇车明器模型

车厢已改为筒形，有多个出粮口，具备多级清选功能。《滇南矿厂图略》中将其用于矿井通风[6]。

18 世纪初，农用扇车技术被传到欧洲[7]。时至今日，中国部分农村仍在使用扇车。

明代《顾氏图谱》中的扇车图

（黄　兴）

参考文献

❶（西汉）史游，（唐）颜师古，（南宋）王应麟．急就篇（卷三）．上海：涵芬楼，1922，24A．

❷ 余扶危，贺官保．洛阳东关东汉殉人墓．文物，1973（2）：55-62．

❸（元）王祯．农书．台北：台湾商务印书馆影印文渊阁四库全书，1986：卷十六，9B．

❹ 黄兴，潜伟．中国古代扇车类型考察与性能研究．中国农史，2013（2）：24-37．

❺ 郑振铎．中国版画丛刊（3）．上海：上海古籍出版社，1988，507．

❻ 吴其濬．滇南矿厂图略．见：华觉明．中国科学技术典籍通汇（技术卷一）．郑州：河南教育出版社，1994，1131、1129．

❼（英）李约瑟，等．中国科学技术史．第四卷，第二分册．鲍国宝，等 译．北京：科学出版社，上海：上海古籍出版社，1999，169．

58. 地动仪

地动仪全称“候风地动仪”。它是中国古代测报地震的仪器，为东汉张衡于公元132年发明。它对1892—1894年米尔恩等人创制现代地震仪有启发作用，被誉为所有“地震仪的鼻祖”。❶

据《后汉书·张衡传》记载，地动仪以精铜铸成，圆径八尺，合盖隆起，形似酒樽。其中心有柱，通过周边的孔道连接机关。外壁在八个主要方位上各设一口含铜球的龙头，龙头正下方各有一仰头张口的铜蟾蜍。当地震发生时，对应方位的龙头吐出铜球，落入蟾蜍口中，而其他七条龙不为所动。根据口含铜珠的蟾蜍的方位，观测者即可获知地震发生地的方位。据记载，这台仪器曾成功地测知陇西地区发生的一次地震。❷

现代学者冯锐复原的地动仪

近代以来，有许多学者据《后汉书》中的记载对地动仪作了复原研究。❸其中国内外广泛流行的地动仪复原模型为王振铎于1951年完成的。❹但近年来随着对司马彪《续汉书》等相关史料的深入解读及利用现代机械学理论开展探讨，学者们提

出了很多新的地动仪复原模型和思路。❺尽管目前还很难说哪种特定的复原思路能准确反映近两千年前地动仪

1953 年发行的特种邮票《地动仪》

的原貌，但相关探索仍对于我们了解古人智慧、弘扬中华文化具有重要意义。

（陈　巍）

参考文献

❶ 冯锐 等. 张衡地动仪的科学性及其历史贡献. 自然科学史研究，2006 年，增 1 期：12.

❷ 大多数人认为地动仪所测知的陇西地震是 132 年地震，但冯锐认为这次地震发生于 134 年 12 月 13 日，这次地震震级不高，却引发太尉庞参、司空王龚等“以地震免”（冯锐 等. 张衡地动仪的科学性及其历史贡献. 自然科学史研究，2006，增 1 期：9.）。

❸ 萧国鸿. 张衡地动仪感震机构之系统化复原设计.（台湾）成功大学博士论文，2007，13-19.

❹ 王振铎. 张衡候风地动仪的复原研究. 文物，1963（2）：1-8;（4）：1-20;（5）：12-24；王振铎. 介绍一千八百年前的张衡地震仪. 文物，1976（10）：67-70.

❺ 冯锐 等. 地动仪的史料和模型研究. 自然科学史研究，2006，增 1 期：34-52；萧国鸿. 张衡地动仪感震机构之系统化复原设计.（台湾）成功大学博士论文，2007；胡宁生. 张衡地动仪的奥秘. 南京：南京大学出版社. 2014. 等。

59. 翻车（龙骨车）

翻车，又称龙骨车，是链传动的刮板式水车，适合于低扬程提水。

据《后汉书·张让传》记载，公元 186 年毕岚制作翻车、渴乌，用于道路洒水。三国时期，马钧制作了用于灌溉的翻车，就连儿童都能操作这种水车提水。马钧制作的翻车也许是对东汉时期翻车的改进。至晚在公元 9 世纪中国人已经在使用手转、足踏和牛转三种驱动方式的水车 ❶。

手转翻车是靠人力操作的小型翻车，如 1637 年宋应星在《天工开物》中描绘的“拔车”。车体主要是一个长槽，两端各架一个链轮。下轮为从动轮，部分置于水中。上轮为架在岸上的主动轮，轮轴两端各装一个曲柄，每个曲柄上套一个长杆。木链条（龙骨）挂装在两个链轮上，

《天工开物》中描绘的“拔车”

链条上的刮水板沿着长槽向上刮水。使用时，一人两手分别持长杆一端，摇转曲柄及主动链轮，将水提升到田里。

宋代《耕获图》中的脚踏翻车

最为常见的是脚踏的翻车。北宋《耕获图》绘出了比较完整的脚踏翻车。元代王祯在《农书》里描绘了翻车的构造。它与“拔车”的差别主要是尺寸较大，以主动链轮的卧轴上的拐木为驱动装置。通常需要数人踏动翻车。每人扶或伏靠车架，两脚交替踏动一组拐木。

牛转翻车不劳人力，提水功效好。宋代绘画《柳阴云碓图》描绘了牛转翻车❷。牛拉转立轴及其上的大齿轮，驱动翻车的卧轴，卧轴带动链轮转动。大约从 12 世纪开始，江浙地区就使用风车驱动翻车❸。风车驱动的翻车用于灌溉稻田，或沿海的盐场提水。

翻车适用于扬程不大的提水灌溉，或排水，或制盐，是中国各地长期广泛使用的提水工具。欧洲的阿基米德螺旋式水车与翻车有不同的构造，但提水的功能相似。

（张柏春）

参考文献

❶ 唐耕耦. 唐代水车的使用与推广. 文史哲，1978（4）：73-76.

❷ 柳阴云碓图. 故宫周刊，1936，484：93.

❸ 刘一止（1078—1161 年）. 苕溪集. 卷三. 见：清华大学图书馆科技史研究组. 中国科技史资料选编——农业机械. 清华大学出版社，1985，161.

60. 水排

水排是一种水力鼓风机械。它发明于东汉初年，用于冶铸鼓风。

《后汉书·杜诗传》记载杜诗任南阳太守期间（公元 31—38 年）制作了水排："造作水排，铸为农器，用力少，见功多，百姓便之。"[1] 两百多年后，《三国志》记载曹魏的冶铁官韩暨制作水排，以取代马排和人排："旧时冶，作马排，每一熟石用马百匹；更作人排，又费功力；暨乃因长流为水排，计其利益，三倍于前"。[2] 韩暨是南阳人，他可能改进了东汉发明的水排。

到了元代，王祯经过多方搜访，在《农书》中描述了卧式水轮驱动的水排和立式水轮驱动的水排，并绘制了前者的插图。从传动机构分析，卧式水排是马排的直接改进，因为只需要把原动力由马匹改作卧式水轮即可。大轮与小轮之间依靠绳带传动，在小轮上方有一偏心曲柄，利用曲柄连杆机构实现把旋转运动转换为推拉皮囊

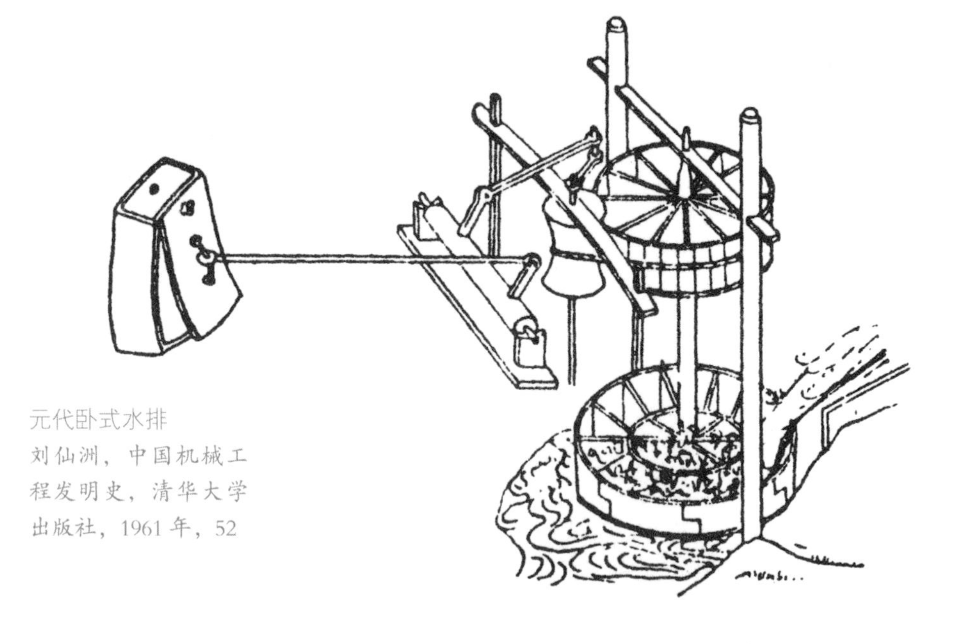

元代卧式水排
刘仙洲，中国机械工程发明史，清华大学出版社，1961 年，52

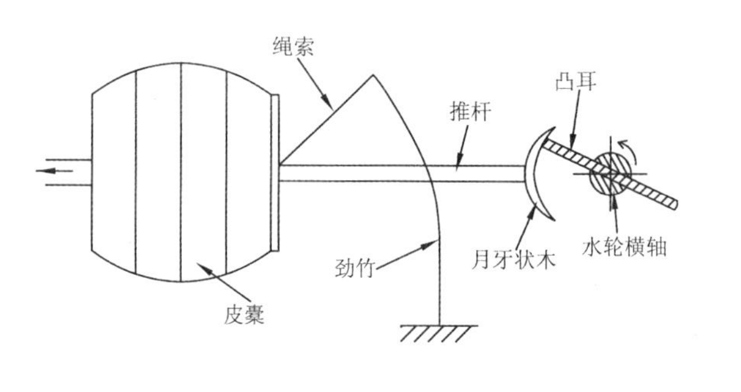

汉代立式水排结构图
陆敬严、华觉明主编，中国科学技术史·机械卷，科学出版社，2000年，251

的直线往复运动。[3] 这是世界上最早利用曲柄连杆机构的机械，西方应用曲柄连杆机构的水力锯在一个世纪之后才出现。[4]

立式水轮驱动的水排有其产生的技术基础，西汉时的水碓已利用立式水轮与凸耳机构。立式水轮驱动的水排的传动机构比较简单，在凸耳把推杆推向一侧鼓风之后，竹子的弹力迅速使皮橐恢复原状，以准备下一次鼓风。有学者认为东汉水排是构造比较简单的立式水轮驱动的装置[5]，也有学者认为是卧式水轮驱动的、有曲柄连杆机构的装置[6]。

（史晓雷　张柏春）

参考文献

❶（南朝）范晔．后汉书（点校本）．（唐）李贤注．北京：中华书局，2012，1095.

❷（晋）陈寿．三国志．（南朝）裴松之 注．北京：中华书局，2005，505.

❸ 刘仙洲．中国机械工程发明史．第一编．北京：科学出版社，1962，52.

❹ Tullia Ritti, Klaus Grewe, Paul Kessener. A relief of a water-powered stone saw mill on a sarcophagus at Hierapolis and its implications. *Journal of Roman Archaeology*, 2007，20：139-163.

❺（英）李约瑟．中国科学技术史．第四卷：物理学及相关技术·第二分册．机械工程．鲍国宝，等 译．北京：科学出版社，1999，428；张柏春．中国传统水轮及其驱动机械．自然科学史研究，1994（3）：257.

❻ 同 3；陆敬严、华觉明．中国科学技术史·机械卷．北京：科学出版社，2000，62；陆敬严．中国古代机械文明史．上海：同济大学出版社，2012，134.

61. 瓷器

瓷器是指利用瓷土制成并施釉，经1200℃以上高温烧成的制品。瓷器是陶器制作技术经过一定阶段发展而成的产物。大约在商代早期❶，中国古代先民在烧制白陶和印纹硬陶器的实践中，不断地改进原料选择与处理工艺，提高烧成温度，并在器表施釉，创造了原始瓷❷。

东汉晚期以越窑为代表的南方青釉瓷的烧制成功标志着中国成为发明瓷器的国家❸。东汉的瓷窑遗址在浙江上虞、慈溪、宁波和永嘉等地都有发现，其中以上虞为最多❹。瓷器的出现是中国陶瓷史上的重要里程碑，为此后的三国两晋南北朝制瓷业的空前发展奠定了基础❺。

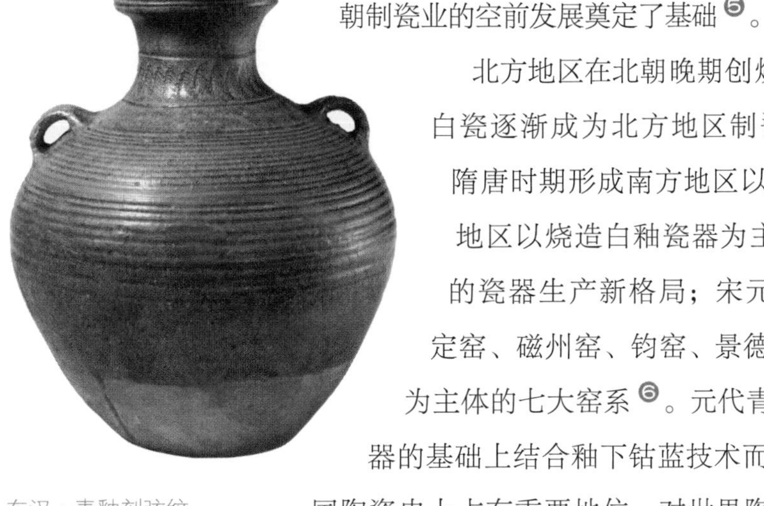
东汉·青釉刻弦纹双系壶
故宫博物院编，故宫瓷器馆，紫禁城出版社，2008年，87

北方地区在北朝晚期创烧白釉瓷器；至隋朝，白瓷逐渐成为北方地区制瓷业的主流产品；在隋唐时期形成南方地区以烧造青釉瓷器、北方地区以烧造白釉瓷器为主的所谓“南青北白”的瓷器生产新格局；宋元时期形成以耀州窑、定窑、磁州窑、钧窑、景德镇窑、龙泉窑、建窑为主体的七大窑系❻。元代青花瓷在宋元青白釉瓷器的基础上结合釉下钴蓝技术而成。青花瓷不仅在中国陶瓷史上占有重要地位，对世界陶瓷的发展也具有重大影响❼。

明代江西景德镇已成为全国制瓷业的中心，制瓷工艺在宋元的基础上又有很大提高，得到全面发展。宋元时期，瓷器以单色釉为主。到了明代，五彩、斗彩以及各色彩釉逐渐流行起来；青花瓷得到改进和创新，推广开来并臻于完美。清代继承发扬了明代传统的青花、五彩，并创新了绚丽多姿的粉彩、珐琅彩和古铜彩，还出现多品种的单色釉[8]。

明·永乐青花海水云龙纹扁瓷瓶

中国陶瓷规模性外销开始于唐代晚期，于宋元时期得到较大发展并趋于繁荣，于明清时期达到顶峰[9]。外销瓷的身影遍布欧洲、非洲、亚洲、美洲[10]。在英语和阿拉伯语中“瓷器”与“中国”是同义[11]，由此可见中国瓷器对世界陶瓷发展贡献之大。

（周文丽）

参考文献

1. 瓷之源课题组.“瓷之源”课题于瓷器起源研究的重大进展. 中国文物报，2014-8-1.
2. 中国硅酸盐学会 . 中国陶瓷史. 北京：文物出版社，1982，76.
3. 李家治，陈显求，张福康，等 . 中国古代陶瓷科学技术成就. 上海：上海科学技术出版社，1985，1.
4. 中国硅酸盐学会 . 中国陶瓷史. 北京：文物出版社，1982，130.
5. 中国硅酸盐学会 . 中国陶瓷史 . 北京：文物出版社，1982，133.
6. 权奎山，孟原召. 古代陶瓷. 北京：文物出版社，2008，3、135.
7. 耿宝昌. 元代至明代中期青花釉里红瓷器概述. 见：耿宝昌 . 故宫博物院藏文物珍品大系 · 青花釉里红（上）. 上海：上海科学技术出版社，2000，20.
8. 耿宝昌. 明清瓷器鉴定. 北京：紫禁城出版社，1993，5、173.
9. 叶文程，罗立华. 中国古外销陶瓷的年代. 江西文物，1991（4）：109-113.
10. 叶文程. 中国古外销瓷研究论文集. 北京：紫禁城出版社，1988.
11. Rose K. Nigel W.. *Science and Civilisation in China, Vol. 5: Chemistry and Chemical Technology, Part 12: Ceramic Technology. Cambridge:* Cambridge Univ. Press，2004，146.

62. 马镫

马镫是骑马时的踏脚和支撑装置，通常近似于半椭圆环状，上方由皮革、铁等具备较高强度的材料制成镫环，下边缘可以木或藤条为芯，外面包裹上铁片或皮革，做成较宽的踏板，一般成对垂于马鞍之下。上马时，骑者可以脚踏一侧马镫跨上马背。骑行时，双脚穿过马镫，起到帮助稳定身体的作用。疾驰时，骑者以马镫为主要支撑点，站在马镫上，上身前倾，人马结合更加紧密，使得骑手的双手更加自由，并能在马背上进行左右方向的动作。

马镫发明之前的公元前 2 世纪左右，欧亚草原西部和印度等地出现过一种套在骑者脚趾上的“马脚扣”，但其实用价值却受到争议，不能算是真正的马镫。❶ 中国在东汉时期已经出现挂于马左侧、辅助上马的单镫。❷ 东汉末年到三国时期，游牧民族鲜卑、乌桓等向南迁移散布于中原各地，马匹随之大量输入内地，很可能刺激了原本不擅骑乘术的中原人对骑马的需求，马镫或许是在该历史背景下出现的。❸ 南京象山王廙墓（卒于 322 年）中一件陶马俑所佩双镫，是目前发现年代最早的双镫实物资料，❹ 因此双镫的出现年代应不晚于 4 世纪初。

自发明之后，马镫很快传播到东北亚的高句丽地区，并通过突厥等草原游牧民族向西传播。6 世纪末至 7 世纪初，萨珊波斯人从突厥人那里引入了马镫，并于 7 世纪初将这一技术传给阿拉伯人。❺

北燕 • 冯素弗墓出土双镫

唐·李邕墓壁画《打马球图》

在7世纪早期，阿瓦尔人把马镫带向东欧和拜占庭，⑥ 并逐渐继续向北欧、西欧等地传播。

马镫在军事史上具有革命性的意义。它使马和骑者更紧密地结合在一起，使骑士在战斗中能更大地发挥武器效能，因而进一步促进了重骑兵的发展。⑦ 因此这是一件看似微小但历史作用巨大的发明。

（陈　巍）

参考文献

❶ 王铁英．马镫的起源．欧亚学刊．第三辑．2002（0）：76-100.

❷ 孙机．中国古舆服论丛（增订本）．北京：文物出版社，2013，97.

❸ 陈凌．马镫起源及其在中古时期的传播新论．欧亚学刊．第九辑．2009（0）：180-214.

❹ 南京市博物馆．南京象山5号、6号、7号墓清理简报．文物，1972（11）：23-41.

❺ Didier Gazagnadou. Les étriers. Contribution à l'étude de leur diffusion de l'Asie vers les mondes iranien et arabe. *Techniques and Culture*. 2001(37):155-171.

❻ É. Garam．*Avar Finds in the Hungarian National Museum*, vol. 1．Budapest: Akademiai Kiado，1975，276-278.

❼ L. White．*Medieval Technology and Social Change*．Oxford: Oxford University Press，1966，14-28.

63. 雕版印刷术

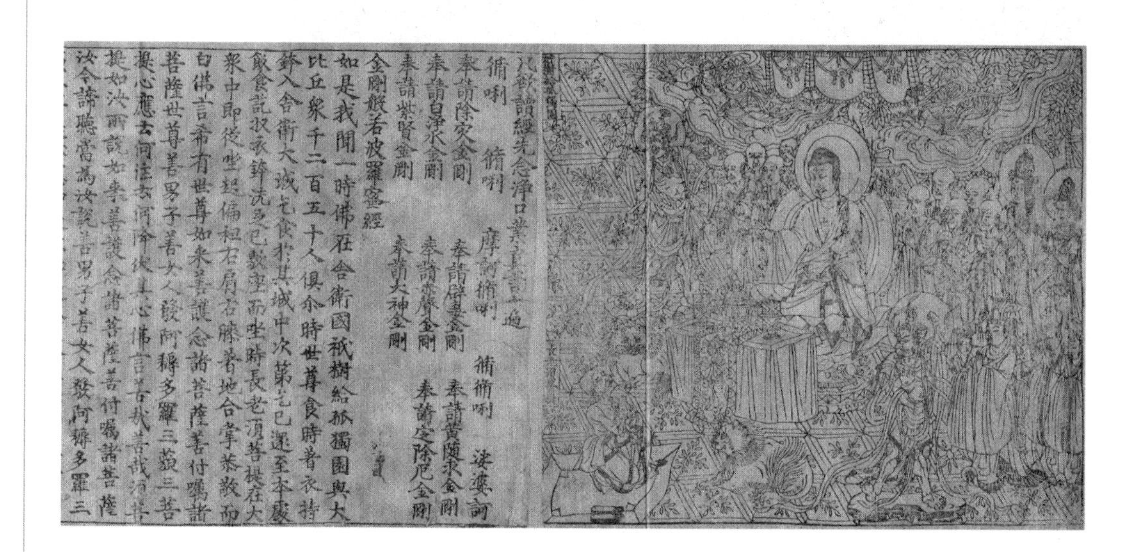

咸通九年金刚经（868 年）
Frances Wood, *The Diamond Sutra*, London: The British Library, 2011.

雕版印刷术是将文字和图像反刻在一块木板或其他质料的板上、在这版上加墨覆纸印刷的方法。

雕版印刷术始于何时，史学界长期有争论，清代盛行始于五代说，后又流行隋代说，又有隋唐之际说、汉朝说、东晋说、北宋说等，多数学者认为始于唐代。唐代说的年份也有不同见解，有的学者倾向于 7 世纪初。唐冯贽《云仙散录》引《僧园逸录》，提及玄奘以回锋纸印普贤像，施于四方；赴印度求法僧义净《南海寄归内法传》曾记载“造泥制底及拓模泥像，或印绢纸，随处供养”，则证明雕版印刷在 7 世纪中叶，最迟在 7 世纪末已在中国出现。现存印本较早的有 1966 年在韩国发现的带有武后新字的《无垢净光大陀罗尼经》，学者推测约为载初元年（公元 690 年）武后制字后刻印而为新罗僧携回的。8 世纪后，除佛经、佛像之外，还用来印刷历日等需求量很大的印刷品；敦煌发现的咸通九年（公元868年）本《金刚般若波罗蜜经》尤有名。五代（公元907—960年）印刷业相当流行，用来雕印儒家经典，宋代雕版印刷到达鼎盛。自唐代至清末，中国一直以雕版印刷为主。晚清西方石印、铅印传入后，传统的雕版与活字版被逐渐取代。雕版印刷对传承典籍与文化，起到了十分重要的作用。雕版印刷术还传播到朝鲜、越南、琉球、日本等汉文化圈。

（韩 琦）

参考文献

❶ 张秀民 著，韩琦 增订．中国印刷史．杭州：浙江古籍出版社，2006.
❷ 钱存训．纸和印刷．北京：科学出版社，1990.

64. 转轴舵

舵是用来控制航向的船尾操纵工具。它由木桨演变而来，经历了拖桨、拖舵和轴舵等技术进化阶段。早期的桨在船舷侧划动，用以推动船舶前进，当两侧桨力不对称时，船舶发生转向，因此桨也具有操纵航向的功能。后来桨的推进和操纵功能逐渐分离，设在船尾的桨专门用来控制船舶航向，并扩大桨叶面积，逐渐演变成舵❶。

中国最晚在东汉时已经出现舵。1955 年，广州一座东汉墓中出土一艘陶船模型，船尾中央有一只拖舵，其特点是舵杆位置在舵面中部，舵面呈不规则的四方形，但还不能沿垂直的舵杆轴线转动，这是一种原始形态的舵❷。唐代开元年间（公元 713 年—741 年），郑虔的一幅山水画中展现了转轴舵的形象❸，它的特点是舵柱垂直入水，舵叶面垂直于水面，可以绕轴转动，这才是真正意义上的船

北宋·张择端《清明上河图》中汴河货船上的平衡舵

尾舵。这说明最晚到此时，或者在唐之前，中国已经出现舵叶面绕轴转动的船尾舵。

北宋时期，转轴舵得到普遍应用。张择端《清明上河图》中描绘的船舶尾部，全都使用了转轴舵，并且已经发展成为平衡舵。平衡舵的特点，就是在舵杆朝向船头的方向上也有一部分舵叶，舵力的作用点离转动轴更近，从而使转舵时更为省力。中国古代还有一种开孔舵，其特点是舵面上有许多小孔，也可以起到转舵更省力的效果，并且由于水的表面张力作用，也不会对舵的性能造成影响[4]。

中国古代的船尾舵是安装在船尾封板上，因此称为尾板舵，大船的尾部还可以修建舵楼，专门用来操纵舵。由于船航行时水域深浅不一，舵后来又演变成升降舵，根据水深调整舵的高低位置，用辘轳对大型舵进行升降。西方的船尾舵安装在尾柱上，称为尾柱舵，从 13 世纪时开始使用，比中国晚 5 个世纪[5]。船尾舵是中国古代造船技术的最重要发明之一，它的发展历程和技术形态表明了古代航海技术的高超成就，对世界造船、航海事业也产生了重大影响。

（陈晓珊）

参考文献

❶ 席龙飞，等. 中国科学技术史 · 交通卷. 北京：科学出版社，2004，64.

❷ 杜石然，等. 中国科学技术史稿. 北京：北京大学出版社，2012，130.

❸（明）顾炳 辑，（明）徐叔回 校刊. 历代名公画谱. 桂林：广西师范大学出版社，2001，15-16.

❹ 金秋鹏. 中国古代的造船与航海. 北京：中国国际广播出版社，2011，54.

❺ 何国卫. 中国和西洋木帆船尾舵比较研究. 见：时平 主编. 中国航海文化论坛. 第1辑. 北京：海洋出版社，2011，314-322.

65. 水密舱壁

水密舱壁是中国造船史上的一项重要发明，其原理是用隔舱板将船舱分成若干个互不相通的独立船舱，当船舶发生触礁、碰撞等造成船壳破损时，即使某一船舱破损进水，也不致于波及其他船舱，从而提高船舶的抗沉性。

中国最早带有水密舱壁的船可能出现在晋代义熙年间，当时卢循建造了一种“八槽舰”，用来隔开船槽的有可能是水密舱壁。目前关于水密舱壁的确凿实物证据来自唐代，1973 年江苏如皋发现一艘唐代木船，船上共有 9 个船舱，船的两舷和隔舱板均用铁钉上下交叉，重叠钉合，这种钉合方式称为“人字缝”。木板缝隙中填有石灰桐油的混合物，取得严密坚固的效果，增加了船舱的水密性[1]。可见最迟到唐代，中国造船中已经形成成熟的水密舱壁技术。1960 年，江苏扬州施桥发现一艘唐宋时期的 5 舱木船，除了在木板之间用油灰填缝外，木料上原本有节疤和裂痕处，还用小块木片补塞。[2]1974 年泉州湾出土一艘宋代海船，共有 13 个船舱，所有隔舱板都上下榫连，填塞舱料。为了加强连接强度，隔舱板与船壳板之间还用扁铁和钩钉钉连[3]。1982 年出土的泉州法石南宋海船中，钉与船板之间的缝隙用蔴筋和桐油灰艌密[4]。

在中国古代海船的水密舱壁上，正中线的下端还会留有圆形或方形的小孔，这种流水孔也称过水眼。设流水孔是为了使舱底积水能够流通，让水集于船底的最低部位，便于排水，增加船舶安全性能。法石宋船隔舱板底部的过水眼略呈方形，高 6 厘米，底宽 5 厘米，而泉州湾宋船的各舱壁近龙骨处都留有 12×12 厘米的过水眼。

蓬莱一号古船（约建造于元末明初）
“海上丝绸之路”研究中心编：《跨越海洋》，宁波：宁波出版社，2012年，38

舱壁最初是为木板船的结构强度需要而产生的，由于它的满实性，配合捻缝进而形成水密舱壁。水密舱壁支撑了船壳板和甲板，增加了船体的刚度与强度，形成船体的坚固横向结构，使桅杆紧贴舱壁、与船体紧密连接，这也使中国古代帆船采用多桅多帆技术成为可能[5]。水密舱壁自 18 世纪开始被欧洲人采用，后来逐渐成为各国造船业通行的技术[6]。

（陈晓珊）

参考文献

1. 南京博物院. 如皋发现的唐代木船. 文物，1974（5）：84-90.
2. 江苏省文物工作队. 扬州施桥发现了古代木船. 文物，1961（6）：52-54.
3. 福建省泉州海外交通史博物馆 编. 泉州湾宋代海船发掘与研究. 北京：海洋出版社，1987，19.
4. 周世德，金秋鹏，陈鹏，杨钦章，李祖涌. 泉州法石古船试掘简报和初步探讨. 自然科学史研究，1983（2）：164-172.
5. 席龙飞. 中国造船通史. 北京：海洋出版社，2013，117.
6. 金秋鹏. 水密隔舱. 见：中国历史大辞典·科技史卷编纂委员会 编. 中国历史大辞典·科技史卷. 上海：上海辞书出版社，2000，175.

66. 火药

火药是中国“四大发明”之一。中国古代的火药是以硝石、硫黄和木炭（或其他易碳化的有机物）按照一定比例组成的混合物。因其点火后迅速爆炸生成黑色烟焰，西方称之为黑火药。

中国古代火药的发明与炼丹术密切相关，在炼丹过程中为了防止爆炸和猛烈燃烧，炼丹家采用了许多“伏火”的配方。晋代炼丹家葛洪（公元283—363年）的《抱朴子》已有将硝、硫、炭合炼制丹的记载。❶

至晚于9世纪，中国炼丹家发明了火药。[1]在成书于唐宪宗元和三年（公元808年）的《太上圣祖金丹秘诀》“伏火矾法”明确记载了硫二两、硝二两、马兜铃（遇明火碳化）三钱半的火药配方。而且，当时的炼丹家已经注意到这一配方的危险性，并采取了一定的防御措施。另一部宋人辑录的炼丹术作品《诸家神品丹法》记载了一种“伏火硫黄法”[2]采用了与“伏火矾法”类似的火药配方。成书于9—10世纪的《真元妙道要略》记载“有以硫黄、雄黄合硝石并蜜烧之，焰起，烧手、面及烬屋舍者”，这里提到了火药爆炸的威力。

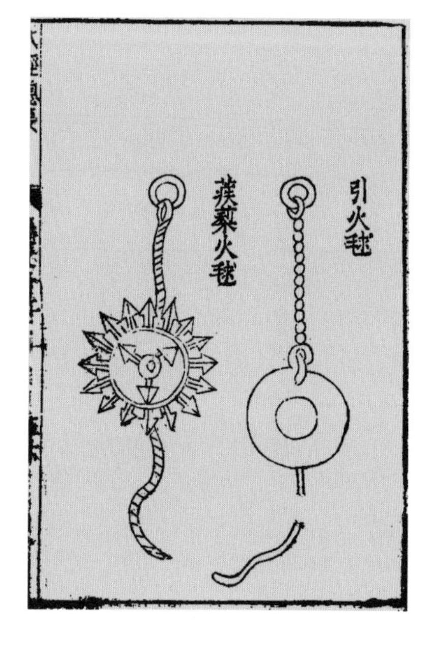

北宋时期的军事著作《武经总要》记载的蒺藜火球和引火球

到了10世纪后半叶，即五代到北宋初期，火药已经用于军事。《宋史》中多处记载到这一时期的火器，如火箭、火球、火蒺藜等。❷

“火药”一词首次出现于宋仁宗天圣元年（1023年），据《宋会要》记载该年汴京的武器作坊中专门有生产火药的“火药作”。1044年成书的《武经总要》首次记载三个军用的火药配方：毒药烟球方、火砲火药方和蒺藜火球方。这是世界上最早的军用火药配方。❸

13世纪，蒙古军队西征时把我国的火药技术带到了阿拉伯；阿拉伯人在14世纪初将火器传到了欧洲。李约瑟指出，14世纪火炮的第一次轰鸣，敲起了城堡的丧钟，因而也敲响了西方的军事贵族封建制的丧钟。❹

（史晓雷）

参考文献

❶ 钟少异. 中国古代火药火器史研究. 北京：中国社会科学出版社，1995，185-186.

❷ 潘吉星. 中国古代四大发明：源流、外传及世界影响. 合肥：中国科学技术大学出版社，2002，248-249.

❸ 王兆春. 火药的发明及其对世界的影响. 见：路甬祥 主编. 走进殿堂的中国古代科技史（中）. 上海：上海交通大学出版社，2009，175-176.

❹（英）李约瑟. 火药和火器的史诗. 见：潘吉星. 李约瑟文集. 沈阳：辽宁科学技术出版社，1986，577.

注释

[1] 关于火药发明的时间，有不同说法。近年有广西民族大学容志毅指出东晋发明说（《东晋道士发明火药新说》，载《化学通报》2009年第2期），但该说未获得学界一致认同，故仍采用较主流的说法，参见注1文献中“《中国大百科全书》军事卷中国古代火药问题协调会议纪要”一文，另参见《中国大百科全书·军事（第二版）》（中国大百科全书出版社，2007年版）第911页“中国古代火药”条。

[2] 潘吉星认为该条不晚于唐代，见：脚注4文献第242页；袁成业、松全才认为在隋开皇年间（581—600年），见：我国火药发明年代考. 中国科技史料，1986（1）：35；郭正谊认为是宋代的丹方，见：火药发明史的新探讨. 中国历史博物馆馆刊. 1985（7）：73；刘旭认为是隋末唐初的丹方，见：中国古代火药火器史. 郑州：大象出版社，2004，11-12；王兆春认为此法盛行于8世纪，见：中国古代军事工程技术史（宋元明清）. 太原：山西教育出版社，2007，64.

67. 罗盘（指南针）

中西方很早就发现了磁石互相吸引、排斥和吸铁现象。但中国人较早地借助磁石或磁铁在地磁场中受力指向南北来辨别方向。

战国《韩非子》[1]、东汉王充《论衡》[2]等文献中提到了司南。有学者认为司南是用天然磁石琢磨制成的最早的磁性指向器[3]，并提出了勺形司南、铜质方形地盘复原方案，先后用磁化钨钢和天然磁石制作了具有显著指向性的实物[4]。

指南针的确切证据首见于公元9—10世纪的唐代。《管氏地理指蒙》[5]提到铁针磁化后可指向南北，也提到了地磁偏角[6]。《九天玄女青囊海角经》载有“浮针方气图”，即水罗盘的盘面图[7]。

铁针磁化方法有两种。北宋《武经总要》记载把鱼形薄铁片烧赤红，用铁钳夹住鱼首沿南北方向置入水中急冷，制备水浮式指南鱼[8]。其原理是：铁片升温后矫顽力降低，再借助铁钳钳头表磁将其磁化，后淬火提升矫顽力，形成较高剩磁。沈括《梦溪笔谈》讲到堪舆师用磁石磨铁针制备指南针，提到水浮、悬吊、指甲、碗唇等四种安置方法，也提到地磁偏角[9]。朱彧《萍洲可谈》最早记载了指南针用于航海[10]。

江西临川南宋墓张仙人俑

黄河文化论坛编辑部．黄河文化论坛（第11辑）．太原：山西人民出版社，2004年，插图第5页．

旱罗盘最早见于南宋，江西临川发现南宋墓出土手持罗盘的张仙人俑，其磁针上有支撑结构。《事林广记》记载在木乌龟、木鱼里安装天然磁石和铁针，分别用支架支撑和浮于水中以指南。元代以后罗盘沿袭宋制，现存实物多为水罗盘，盘身为髹漆木胎或青铜铸造。

指南针被誉为影响世界的中国“四大发明”之一，航海事业的发展创造了一种导航手段。欧洲在12世纪末开始有文献记载使用磁针导航，13世纪已经普及这种方法。

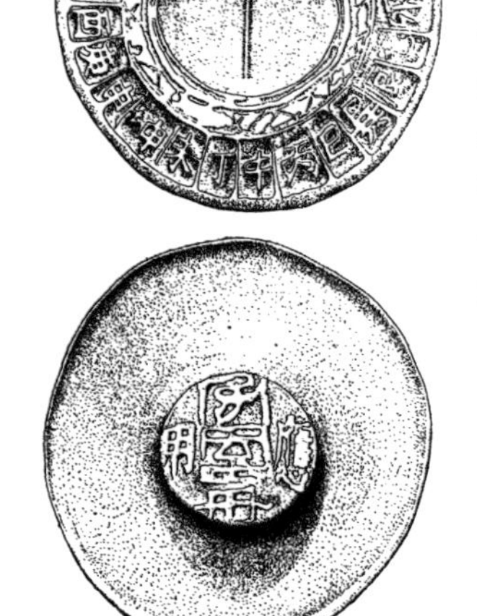

明代中针式相墓铜水罗盘（上：正面；中：底面，下：剖面）王振铎．司南指南针与罗经盘——中国古代有关静磁学知识之发现及发明（下），中国考古学报（第五册），1948年，148.

（黄　兴）

参考文献

❶（战国）韩非．韩非子．卷二，有度篇．百子全书本，第3册．杭州：浙江人民出版社，1984，2.

❷（汉）王充．论衡（83），卷十七，是应篇．百子全书本，第6册．杭州：浙江人民出版社，1984，4.

❸ 张荫麟．中国历史上之奇器及其作者．见：陈润成，李欣荣．张荫麟全集．北京：清华大学出版社，2013，973-991.

❹ 王振铎．司南指南针与罗经盘（上）．中国考古学报，第三册，1948，181-255.

❺ 该书成于晚唐（9世纪），为唐人托名三国魏管辂所著，集本朝及前朝堪舆作品而成，宋初王伋注。

❻（清）陈梦雷．古今图书集成，艺术典，卷六五五，汇考五．上海：中华书局影印本，1934，18.

❼ 古今图书集成，艺术典，卷六五一，汇考一．上海：中华书局影印本，1934，16.

❽（宋）曾公亮．武经总要．前集，卷十五．北京：解放军出版社，沈阳：辽沈书社，《中国兵书集成》据明金陵书林刻本影印，1988，685.

❾（宋）沈括．梦溪笔谈．卷二十四，杂志一．元刊影印本，北京：文物出版社，1975，15.

❿（宋）朱彧，（清）钱熙祚 辑．萍洲可谈．卷二．守山阁丛书本．2B.

68. 顿钻（井盐深钻及汲制技艺）

顿钻也称冲击钻，是北宋时期（不晚于 11 世纪）发明且沿用至今的一种大型绳式深井钻探设备，被科技史学家李约瑟誉为“中国文化中最壮观的应用”[1]。

传统顿钻通常包括碓架、绳索与加重杆、圜刃钻头、搧泥筒和下木竹套管等部件。前两部分与铁质钻头构成一个以人力或畜力为动力、上下往复运动的机械装置，而钻头与后两部分则分别对应于冲击式钻凿、取出岩屑和固井并隔绝地表淡水的三项关键工序[2]。

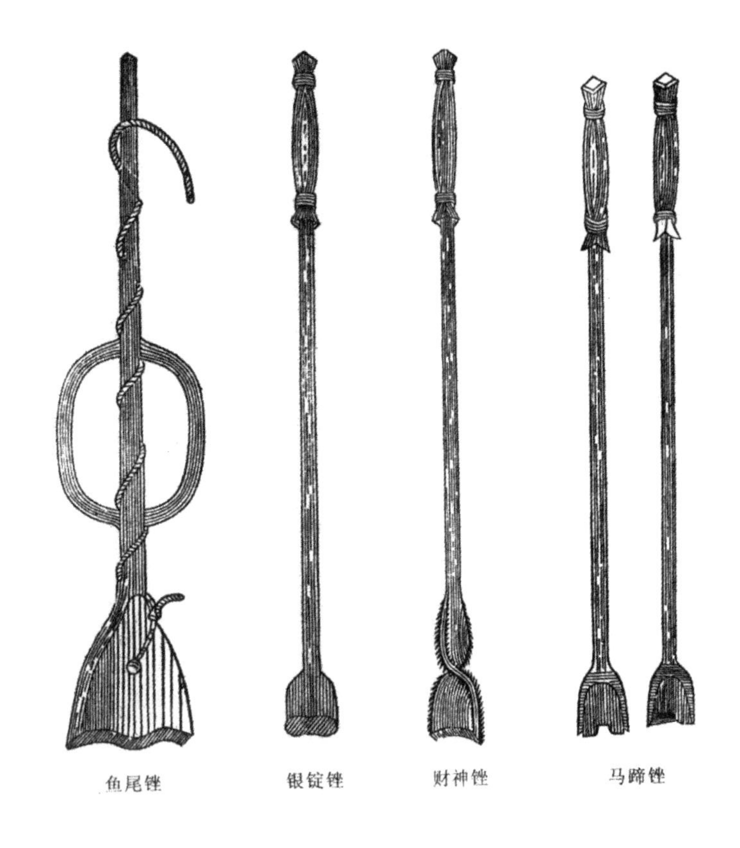

四川井盐区使用的主要钻井工具

潘吉星，中国深井钻探技术的起源、发展和西传，盐业史研究，2009 年第 4 期

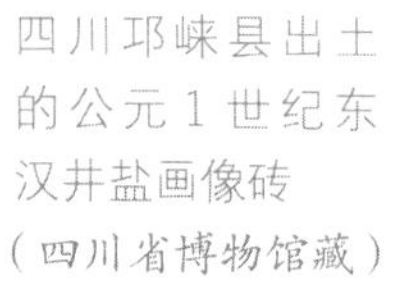
四川邛崃县出土的公元1世纪东汉井盐画像砖（四川省博物馆藏）

顿钻利用钻头自由下落的冲击，破碎岩石，使井不断加深。此工艺可钻达千米深的地下竖井，被古人形象地称作“卓筒井”法（卓字有高而直、竖向叩击的意思）。

顿钻的发明与井盐的开采关系密切。盐是人类日常生活的必需品和官府管控的重要资源。由于自然分布不均衡，部分地区需用凿井的方式从盐岩层开采盐矿。尽管被称为井盐凿井的技术很早就出现在世界多个地区[3]，但顿钻与深井钻探技术的发明至少经历了一千年的技术累积期和数百年的成熟与完善期[4]——自战国末期中国开始井盐凿井，至北宋发明初顿钻和“卓筒井”法，到明代基本成熟，再到清代臻于完善[5]。在此发展过程中，人们不断改进和发明品类丰富的凿井、修治井、汲卤的系列工具，改善了钻井及汲制技艺，还开发了天然气。可以说，顿钻的发明和演化，伴随着一个长时段的相关工具的发明和工艺的创新。明代《天工开物》记载了钻井、汲卤和煎盐的工具与工艺流程。

道光三年（1835年），“盐都”自贡兴海地区钻凿了一口深1001.42米的深井，其125米以上井径11.4厘米，以下至井底10.7

钻小口深井图
取自《四川盐法志》，潘吉星与《盐业史研究》重绘

厘米，为当时的世界钻井之最。井盐深钻及汲制的技术优势，不只是促进了四川、云南等地的资源和产业优势的形成，也直接拓展了世界其他地区的人们对盐业资源的认知与开采[6,7]。在顿钻传到西方[8,9,10]，后来又与蒸汽机技术结合，19 世纪世界范围的矿产勘探活动中得到广泛的应用。如今，相比后来兴起的更高效的旋转钻井法，顿钻具有成本低、占地面积小等优点，在中国、美国等国仍被用于钻探油气等自然资源。

（孙 烈）

参考文献

❶ Joseph Needham. *Science and Civilisation in China*, Volume 4, Physics and Physical Technology, Part 2, Mechanical Engineering. Cambridge University Press，1965，56.

❷ 刘德林，周志征，刘瑛. 中国古代井盐及油气钻采工程技术史. 太原：山西教育出版社，2010，3-5.

❸ D · W · 考夫曼，黄健. 盐的来源和早期生产方式. 盐业史研究，1991（4）：36-41.

❹ 潘吉星. 中国深井钻探技术的起源、发展和西传. 盐业史研究，2009（4）：3-33.

❺ 刘德林，周志征，刘瑛. 中国古代井盐及油气钻采工程技术史. 太原：山西教育出版社，2010，1.

❻ Hans Ulrich Vogel. *Salt and Chinese Culture: Some Comparative Aspects*. Taipei，2004，65-115.

❼ 同 4.

❽ Jacques W. Delleur. *The Handbook of Groundwater Engineering*. Second Edition. Taylor & Francis，2010，7.

❾ James E. Landmeyer. *Introduction to Phytoremediation of Contaminated Groundwater: Historical Foundation, Hydrologic Control, and Contaminant Remediation*. Springer，2011，112.

❿ 同 4

69. 活字印刷术

《农书·活字板韵轮图》
王祯《农书》卷二十二，23b，《景印文渊阁四库全书》第730册

活字印刷术是印刷史上的重大革新，其基本方法是预制大量独立活字（阳文反字），组合排版，涂墨覆纸印刷，拆版之后，活字可再行重排。

11世纪中叶，毕昇发明胶泥活字，排版印书。按沈括《梦溪笔谈》记载：北宋庆历年间（1041—1048年），布衣毕昇以胶泥刻字，用火烧坚，制作众多活字，在带框的铁板内排字成页，加热板上“松脂、蜡和纸灰之类”，以固定活字，压平字面，即可刷墨印纸。“若止印三、二本，未为简易，若印数十百千本，则极为神速。”❶ 12世纪末（1193年），周必大参考沈括之说，用胶泥活字印行《玉堂杂记》。13世纪中期，姚枢教其弟子杨古“为沈氏活版”，印行《近思录》（1240年前后）等书❷。

13世纪末，木活字与金属活字均已出现。王祯《农书》（1300年）附载《造活字印书法》，提及前人有“烧熟瓦字”（泥活字），“近世又有铸锡作字”（锡活字）排印书籍，继而介绍了自创的木活字印刷方案，以轮盘分格，按韵部储字，提高检字效率。王祯纂修的《旌德县志》（1298年）便用此法印成❸。大约20年后，奉化知州马称德制成十万木活字，印行《大学衍义》（1322年）等书❹。传世西夏文佛经活字印本与元代回鹘文木活字，见证了活字印刷技术的跨语言传播。13—14世纪，朝鲜半岛也开始制造汉文活字印书，《白云和尚抄录佛祖直指心体要节》（1377年）可能是现存最早带有

年款的汉文金属活字本。15 世纪后期欧洲兴起的金属活字印刷，机械化程度高，工艺自成体系，但基本方法与古代中国活字印刷术并无二致，有可能受到后者的启发。

明代木活字印刷书籍可考者百余种，其中金属活字本可考者约 60 余种，其中 16 世纪初无锡华氏、安氏印本约占三分之二[5]。18 世纪，清朝官方大规模采用活字印书，康熙末年的《古今图书集成》（铜活字本）与乾隆年间的《武英殿聚珍版丛书》（木活字本）是其代表。乾隆以降，民间活字印书（木活字为主）较前代更为盛行，报纸（如《京报》）、彩票、家谱也往往选择活字排印[6]。

《武英殿聚珍版程式·摆书图》
张秀民著，韩琦增订，中国印刷史（插图珍藏增订版），浙江古籍出版社，2006 年，594

就书籍出版而言，传统汉文活字印刷技术要求高、书版难以保存，相对雕版印刷并无全面优势，长期处于次要地位。19 世纪以降，西方近代印刷技术东渐，随着印刷机、铅活字、电镀字模、纸型等新设备、新技术的应用，汉文活字印刷实现了技术突破，铅字排版印刷在 20 世纪占据了主导地位。

（郑　诚）

参考文献

[1] 胡道静．梦溪笔谈校证．上海：上海人民出版社，2011，447-448.

[2] 张秀民 著，韩琦 增订．中国印刷史（插图珍藏增订版）．杭州：浙江古籍出版社，2006，537-541、545-547.

[3] 王毓瑚 校．王祯农书．北京：农业出版社，1981，437-440.

[4] 张秀民 著，韩琦 增订．中国印刷史（插图珍藏增订版）．杭州：浙江古籍出版社，2006，547-550.

[5] 张秀民 著，韩琦 增订．中国印刷史（插图珍藏增订版）．杭州：浙江古籍出版社，2006，554、572.

[6] 张秀民 著，韩琦 增订．中国印刷史（插图珍藏增订版）．杭州：浙江古籍出版社，2006，512-513、613-614、598-602.

70. 水运仪象台

水运仪象台是北宋建造的大型天文仪器系统。这座集浑仪、浑象和计时装置为一体的天文台，具有天象观测、天象演示与计时的功能❶。它的创造性主要体现在两个方面：①将水轮（“枢轮”）、齿轮系、控制机构、计时器、浑象和浑仪等集成为一个机械系统❷，反映了设计复杂机械的高水平；②发明了由杆系与秤漏等构成的控制机构（“天衡”）❸，其功能相当于近代机械钟表的擒纵机构。

中国古代有以水力驱动天文仪器的传统❹。据《晋书·天文志》记载，张衡（公元78—139年）曾制作水力驱动的天球模型。唐

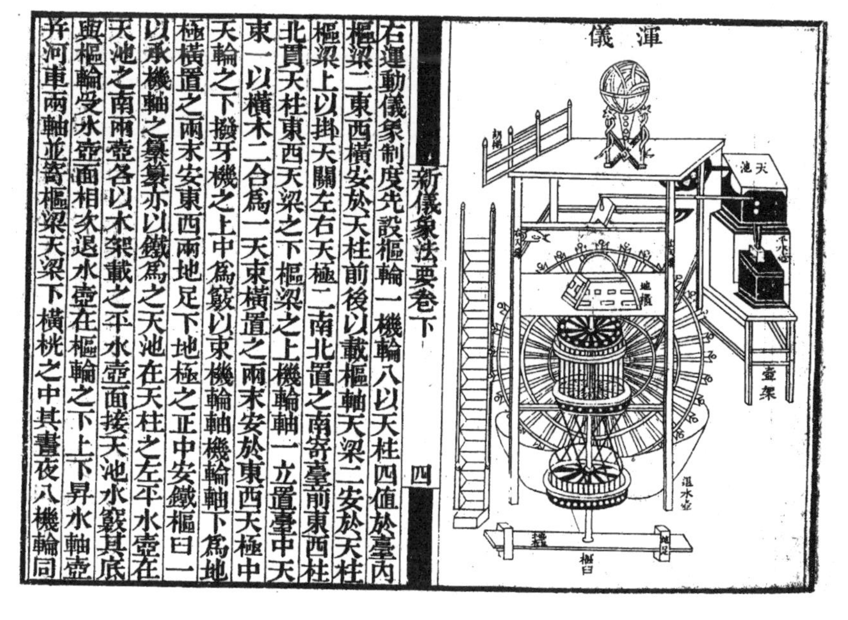

新儀象法要卷下　四

右運動儀象制度先設樞輪一機輪八以天柱四值於臺內
樞梁二東西橫安於天柱前後以載樞軸天梁二安於天柱
樞梁上以掛天關左右天極二南北置之南寄臺前東西柱
北貫天柱東西天梁之下樞梁之上機輪軸一立置臺中天
東一以橫木二合爲一天束橫置之兩末安於東西天極中
天輪之下撥牙機之上中爲轂以束機輪軸機輪軸下爲地
極橫置之兩末安東西兩地足下地極之正中安鐵樞臼一
以承機輪之纂纂亦以鐵爲之天池在天柱之左平水壺在
天池之南兩壺各以木架載之平水壺面接天池水竅其底
與樞輪受水壺面相次退水壺在樞輪之下上下昇水軸壺
并河車兩軸並寄樞梁天梁下橫桄之中其晝夜八機輪同

“水运仪象制度”图说
《新仪象法要》，华觉明主编，中国科学技术典籍通汇·技术卷

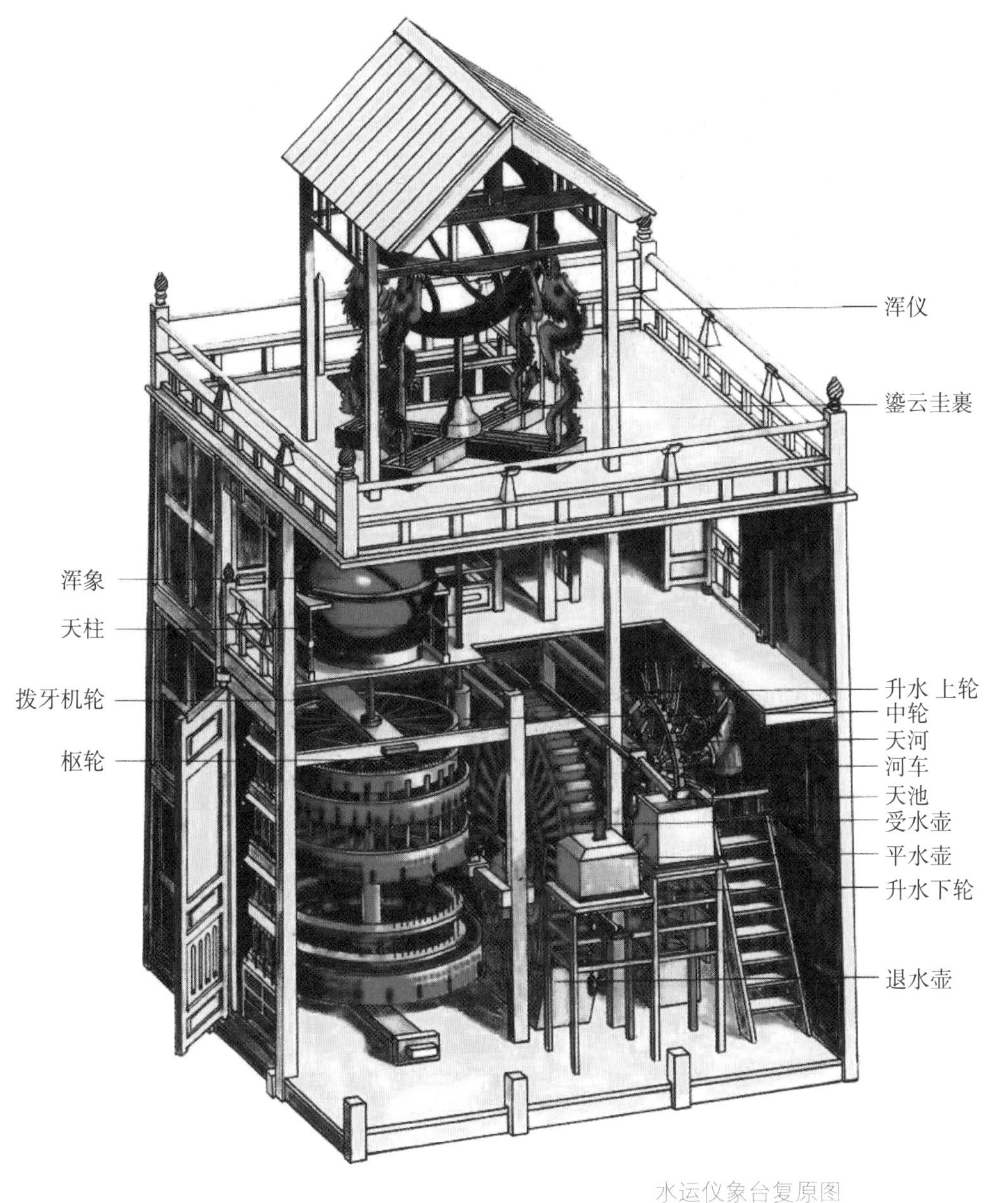

水运仪象台复原图
中国大百科全书·机械工程卷，彩图第5页

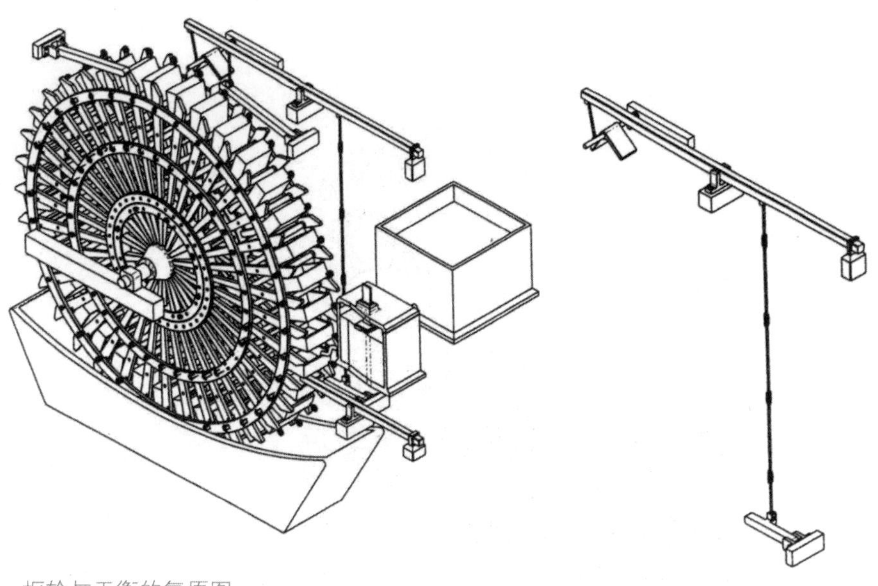

枢轮与天衡的复原图

代僧一行（张遂）和梁令瓒、北宋张思训都曾制造水力驱动的浑象与计时装置。1087 年，鉴于北宋已有浑仪存在不足，吏部尚书苏颂（1020—1101 年）找到吏部官员韩公廉，讨论制作新仪器。韩公廉通数学，擅长制作机巧之器。为了制造仪器，他首先写成《九章勾股测验浑天书》，并制成一座水轮驱 动装置的木模型。苏颂看过后，认为设计有巧思，如果令其制造，必有可取。1087 年 9 月宋哲宗批准苏颂制造仪器的请求。1092 年 7 月，制作者们在汴京（今开封）建成近 12 米高的水运仪象台。

1096 年或稍晚成书的《新仪象法要》是中国现存最详细的古代天文仪器“图说”[5]，该书以成套的绘图与文字全面描绘了水运仪象台的构造。从漏壶均匀流出的水注入水轮的水斗，驱使水轮转动。在杆系与秤漏等构成的机构的控制下[6]，水轮做均匀的间歇转动。通过齿轮系甚至还有链传动，水轮同时驱动计时装置、演示天象的浑象、观测星空的浑仪。计时装置以木偶摇铃、敲钟、示牌、击钲、击鼓等方式报时、报刻、报更等。浑仪主要由三重环构成，其内层的“四游仪”带有一个望筒。水轮驱动“四游仪”随天运转，可以使望筒跟随星空目标转动。这个设计是后世转仪钟的雏形[7]。

1127 年，攻占汴京的金人将水运仪象台拆运到金中都大兴府（今北京），但未再按原貌将浑仪和其他零部件组装成器。此后，中国人没有再制作这样复杂的机械。元明两代都有人制作水轮驱动的计时器，但这些计时器不再与浑象结合。

（张柏春）

参考文献

❶ 王振铎．科技考古论丛．北京：文物出版社，1989，238-273.

❷ 陆敬严，华觉明．中国科学技术史．机械卷．北京：科学出版社，2000，297-312.

❸ 林聪益．古中国擒纵调速器之系统化复原设计．国立成功大学机械工程系，2001，89-114.

❹ 张柏春．浑仪、浑象与计时器．见：路甬祥 主编．走进殿堂的中国古代科技史（下）．上海：上海交通大学出版社，2009，199-215.

❺ 苏颂．新仪象法要．见：华觉明 主编．中国科学技术典籍通汇．技术卷（一）．郑州：河南教育出版社，1994.

❻ 山田慶兒，土屋榮夫．復元水運儀象台：十一世紀中国の天文観測時計塔．新曜社，1997，159-173.

❼ 伊世同．苏颂．见：金秋鹏．中国科学技术史・人物卷．北京：科学出版社，1998，334.

71. 双作用活塞式风箱

双作用活塞式风箱是一种配有活塞板和拉杆的箱形装置，推拉过程中都可以鼓风，出现的时间不晚于宋代[1]。

中国古代鼓风设备的发展，经历了由皮囊到单作用木扇再到双作用活塞式风箱的演变过程。山东藤县东汉画像石上有冶铁鼓风囊图像。木扇出现于唐宋或更早，其早期图像见于北宋《武经总要》和甘肃安西榆林窟西夏壁画（图 1 ）。明代宋应星在《天工开物》中绘制了熔炼金属和铸造金属器物的情景，其中多幅插图都表现了双作用活塞式风箱的使用（图 2 ）。不同熔炼炉所用风箱的大小尺寸不同，其中有只需一人操作的小风箱，也有需“合两三人力”操作的大风箱，特别是“炒铁炉”上所用的风箱更大。

双作用活塞式风箱的箱体为木质，有方形和筒形两类。内部装置一个活塞板，箱内一侧下部有一个长方形风管，前、后开口都与箱内相通，中间有一个向外的出风口。出风口内部的一个单页双置活门，可使出风口与方管的一半相通，阻断出风口与方管另一半之间的空气流动。在气流推动下，方管两部分交替与出风口相通（图 3 ）[2]。活塞板作前后往复运动时，都可以将空气压出，从而实现连续鼓风。筒

甘肃榆林石窟的鼓风壁画
北京科技大学冶金与材料史研究所，铸铁中国，冶金工业出版社，2011 年，24

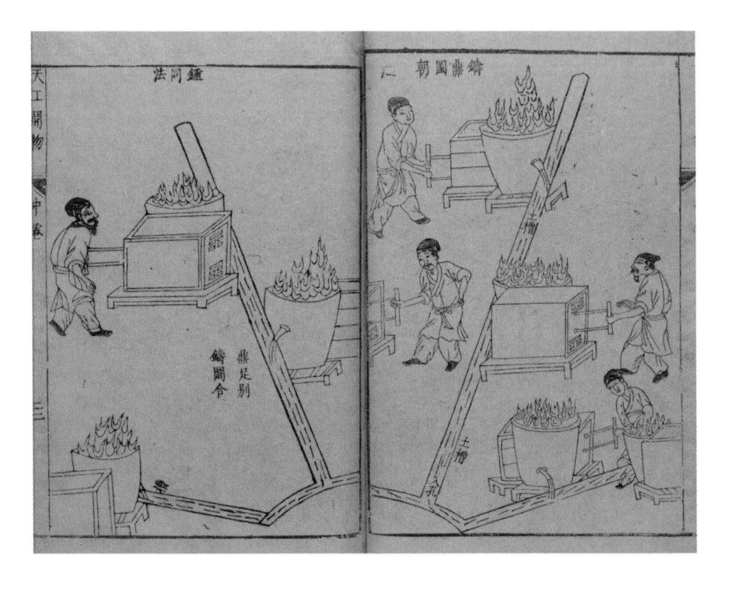

《天工开物》中的活塞式风箱

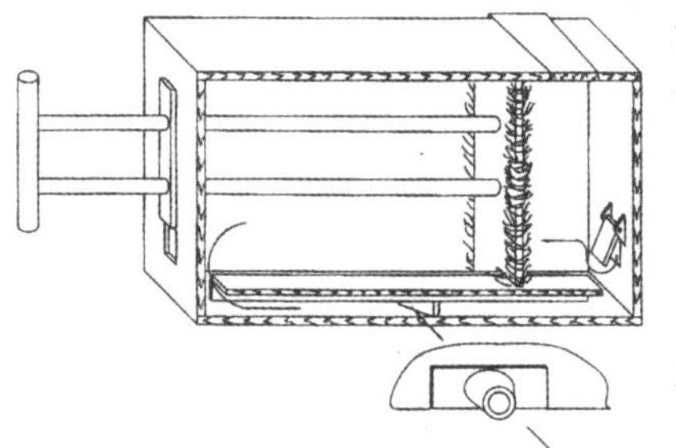

活塞风箱的结构 张柏春，张治中，冯立昇，钱小康，李秀慧，雷恩，中国传统工艺全集·传统机械调查研究，大象出版社，2006年，182

形箱体可将所受内部径向压力转化为切向拉力，从而承受更高的风压。其制作工艺有板材拼合加箍和原生树干整体加工两种。后者制成的箱壁没有接缝、受力均匀，承压能力进一步提高，常用水力驱动，为大型冶炼炉鼓风。古代马达加斯加和日本等地也曾使用能连续供风的鼓风器，但它们都有两套气缸和活塞，本质上属于串联或并联鼓风。只有中国的风箱真正具备了双作用原理。[3]

活塞式风箱效率高、操作简便，明、清时期，与木扇共同成为冶铸业主要的鼓风设备。直到20世纪，活塞式风箱仍然在乡村广泛使用，不仅用做手工业中的鼓风器，还普遍被家庭用作炉灶鼓风。

（张柏春　黄　兴）

参考文献

❶ 陆敬严．中国机械史．台北：越吟出版社，2003，153-15．另，宁夏灵武磁窑堡西夏瓷窑遗址出土了一具筒形瓷风箱，同时出土的有北宋钱币。

❷ 张柏春，张治中，冯立昇，等．中国传统工艺全集·传统机械调查研究．郑州：大象出版社，2006，177-186.

❸ 黄兴，潜伟．世界古代鼓风器比较研究．自然科学史研究，2013(1)：84-111.

72. 大风车

立轴大风车，即立帆风车，是一种旋转轴垂直于地面的风力机械。因其体形巨大，民间也直呼其为大风车。它很可能不晚于南宋时期（12 世纪）已作为原动机用于驱动水车。立轴大风车是一项体现中国技术传统的发明，具有两大鲜明的特色：风帆的构造原理与中国传统船帆无异，能够自动调节迎风方向，其原理迥异于西方的卧轴（水平轴）风车；它能为龙骨水车（即翻车）提供原动力，常被用于农田灌溉或盐场汲卤，其设计、制造与使用体现因地制宜的思想。

立轴大风车最为特别之处在于风帆的自动调节功能。它巧妙地借用了中国式船帆的结构与操控方式。风帆升起后，不论风向如何，当风帆转到顺风一边，它自动与风向垂直，受风面积最大；当风帆转到逆风一边时，就自动与风向平行，所受阻力最小。风车可以接受 360 度任何方向的来风，且不需要增设迎风装置，操控运行便捷、灵活。❶

立轴大风车采用敞开式设计，无附属房屋建筑。一部大风车高约 8 米，回转直径约 10 米，矗立于田间地头或河渠之畔，颇为壮观。它通常包括 8 面风帆与 8 根桅杆，1 根主轴、1 个大齿轮，以及桁架、

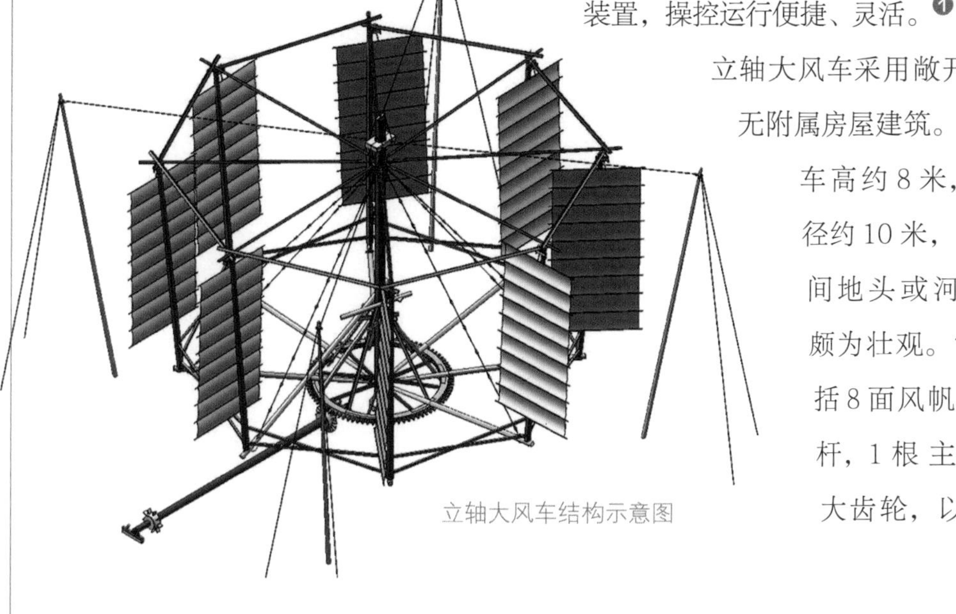

立轴大风车结构示意图

立轴大风车实物

轴承、滑轮、铁链与绳索等零部件。8 面风帆均可独立升降与调节，改变其迎风面积，调整风车转速，受驱动的龙骨水车的功率也随之而变。[2]

传统大风车以木结构为骨干，一般就地取材。多种质地的木料经过备料、下料、加工、组装和现场调试等过程，由技艺高超的木匠加工为功用各异的零部件。此外，轴承、铁钉等零件的制作需铁匠协助，而取材于蒲草的风帆的编制与系挂则是传统家庭式的手工劳作。

中国风能资源丰富，立轴风车及其驱动的龙骨水车是东亚地区体型最大、结构最复杂的传统风力提水机械，曾广泛分布于中国东部沿海，应用于农田灌溉和制盐生产。这项颇具地域特色和技术特征的发明被称赞“一个具有巨大利益和使用价值的发明”[3]。

（孙　烈）

参考文献

1. 张柏春．中国风力翻车构造原理新探．自然科学史研究．1995，14（3）：287-296．
2. 孙烈，张柏春，张治中，林聪益．传统立轴式大风车及其龙骨水车之调查与复原．哈尔滨工业大学学报（社会科学版），2008，10（3）：5-13．
3. 李约瑟．中国科学技术史．第四卷．第二分册．北京：科学出版社，1999，613．

73. 火箭

“火箭”一词在中国出现很早，但发明以固体火药为发射剂，借反作用原理而自行飞行的火箭是在 12 世纪才出现的。[1]

《三国志·魏略》记载魏明帝太和二年（公元 228 年），蜀国的军队攻打陈仓，魏国守将郝昭用火箭逆射云梯，云梯发生燃烧，结果烧死云梯上的蜀兵。这是我国史籍上最早记载“火箭”一词[2]，但这种火箭是纵火箭，即把易燃物绑在箭杆上点燃后射出去纵火[3]，达到烧伤敌军的目的。

火药发明之后，火箭发展成“火药箭”，但当时的“火药箭”仍是一种纵火箭，只不过把过去绑缚在箭杆上的易燃物换作了火药包。火药箭在北宋得到广泛应用，成书于 1044 年的《武经总要》记载了“弓弩火药箭”与“火药鞭箭”两种纵火箭。这两种纵火箭均未使用火捻，发射时需要用烧红的烙锥扎入火药包引燃再发射。[4][5]

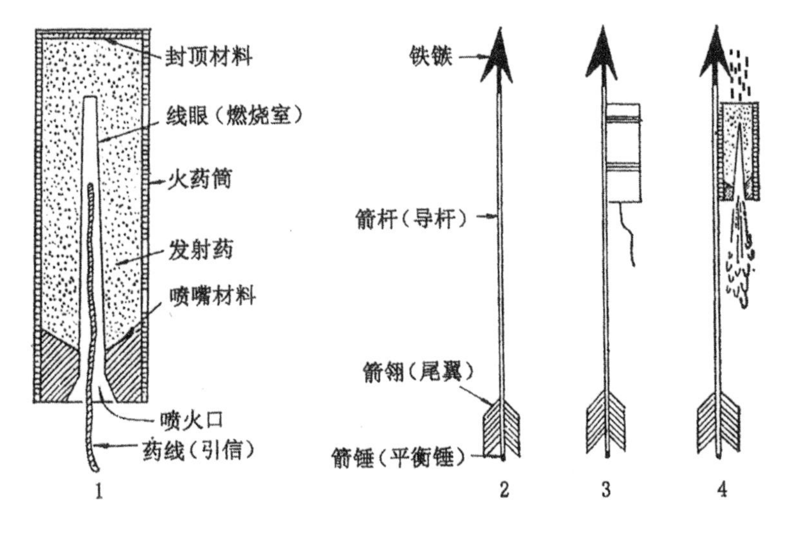

南宋出现的火箭及其结构示意图
其中：（1）火箭筒结构剖视图；（2）箭杆各部件；（3）装备后的外观；（4）点燃后的剖视图

作为现代火箭先声的反冲式火箭的出现与北宋宣和年间（1119—1125年）汴京流行的烟火杂戏有关，到南宋高宗绍兴三十一年（1161年）宋金采石之战中，宋军将利用反作用原理的军用火箭投入实战。这种火箭名叫“霹雳砲”，形象地说它就是一种大型的民间“二踢脚”，其构造和制造原理是：在纸筒下部装发射药，上面装爆药，两者以药线相连。点燃发射药后，纸筒下部喷出火焰和气流，产生反作用力，使装置升空。发射药尽后，引燃爆药，于是一声巨响，纸筒被炸开。爆炸可在空中、也可在水面上发生。因纸筒内含石灰，故爆炸后灰面四散。这种装置是放出石灰烟雾的原始火箭弹，即用火箭运载的炸弹。

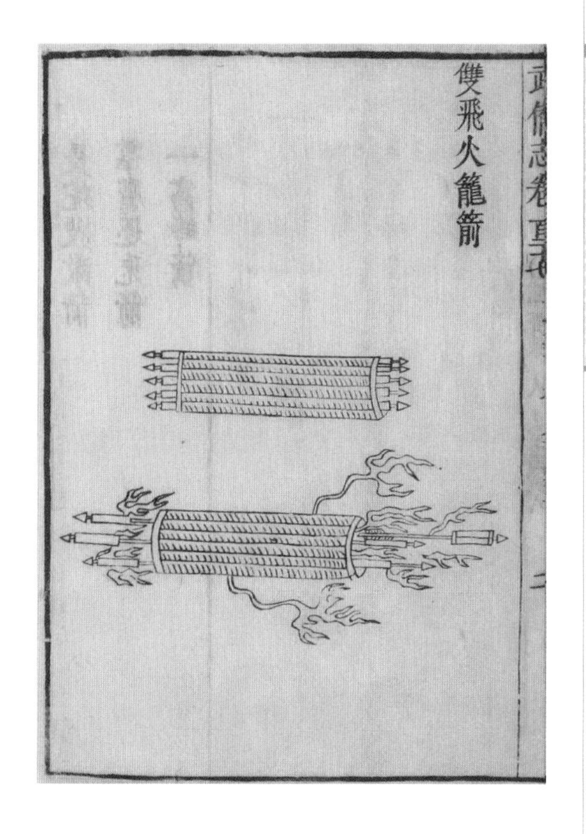

明代军事著作《武备志》中的双飞火龙箭

火箭的西传与火药一样，是13世纪随着蒙古军队的西征经过阿拉伯而传到欧洲的。阿拉伯掌握反作用原理的火箭技术大约在1285—1300年间。

（史晓雷）

参考文献

❶ 潘吉星. 论火箭的起源. 自然科学史研究，1985，4（1）：64-80；潘吉星. 中外科学交流史论. 北京：中国社会科学出版社，2012，156-190。本条主体部分采用潘吉星的观点，不再另注。

❷ 刘旭. 中国古代火药火器史. 郑州：大象出版社，2004，34.

❸ 成东，钟少异. 中国古代兵器图集. 北京：解放军出版社，1990，200.

❹ 王兆春. 中国火器史. 北京：军事科学出版社，1991，17-18.

❺ 刘旭. 中国古代火药火器史. 郑州：大象出版社，2004，36.

74. 火铳

火铳，代指早期金属管形射击火器。最初的管形火器用竹筒或纸筒制成，用于喷射火焰。南宋绍兴二年（1132年），保卫德安（今湖北陆安）的宋朝守军使用“长竹竿火枪”[1]，“纵烧天桥”[2]。金天兴元年（1232年）、二年，金军先后借助纸筒“飞火枪”对抗蒙古军，“注药以火发之，辄前烧十余步”。[3]可见“飞火枪”应是使用火药的喷火装置。南宋开庆元年（1259年），寿春府所造突火枪是第一种见于记载的管形射击火器，以巨竹为筒，点燃筒内火药，发射“子窠”。[4]

13世纪末，元朝军队已装备金属火铳。大德二年（1298年）款铜碗口铳是迄今所知最早的火铳实物，发现于内蒙古锡林郭勒盟元上都遗址东北，可能是卫戍上都的元军遗物❶。铳身全长34.7厘米，内径9.2厘米，重6210克。铳口外侈，略呈碗形。药室微隆起，上开一火门孔。尾銎中空，两侧有对称穿孔，推测用于安置水平轴。14世纪中叶，元末群雄混战，火铳已非罕见之物，文献中多称

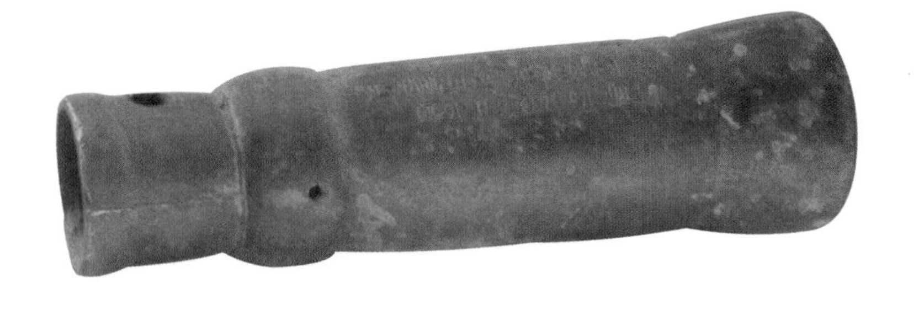

大德二年（1298）款铜碗口铳
钟少异等，内蒙古新发现元代铜火铳及其意义，文物，2004年，第11期

作“火筒”。浙江余姚曾发现“天佑丙申 朱府铸造”款铜手铳，为1356年张士诚在江浙一带称王时所造，全长32.6厘米，内径2.8厘米，重3665克，尾銎中空，可插入木杆。❷

14世纪后期，明朝军队装备了以铜手铳与铜碗口铳为主的大量火铳，铸铁火炮也已出现。15世纪初，以永乐天字铜手铳为代表的传统火器达到技术高峰。1405—1436年间，天字铜手铳产量将近十万门。现存三十余门，口径13～17毫米，全长345～360毫米，重2.2～2.5千克。铳管改直筒为锥体，自铳口至药室逐渐加厚；点火孔四周加铸长方形药池，外装曲面火门盖。16世纪前叶，欧洲火器经海路传入东亚。16—17世纪，明朝东南沿海以及北部边疆的军事冲突，推动了欧式火器（佛郎机铳、鸟铳、西洋大炮）的引进。17世纪中期，明清战争加速了火器欧化进程。17世纪末—19世纪初，清朝的火器技术发展迟缓，近于停滞。经过两次鸦片战争及太平天国战争，19世纪后期，清朝开展洋务运动，转向全面引进西方军事技术。

（郑　诚）

参考文献

❶ 钟少异 等. 内蒙古新发现元代铜火铳及其意义. 文物，2004（11）：65-67.
❷ 陆文宝. 新发现张士诚“天佑”年铭铜铳小考. 见：钟少异 主编. 中国古代火药火器史研究. 北京：中国社会科学出版社，1995，143-146.

注释

[1] 汤璹. 德安守御录.
[2] 三朝北盟会编. 卷一百五十一.
[3] 金史. 卷一百十三. 赤盏合喜传；金史. 卷一百十六. 蒲察官奴传.
[4] 宋史. 卷一百九十七. 兵志.

75. 人痘接种术

天花是一种伴有脓疱疹的烈性传染病，曾在世界范围内肆虐，造成极高的死亡率。[1] 人痘接种术首创于中国，是一种预防天花的方法，通过人为的使健康儿童受到一次轻微天花感染，来达到预防目的。中国的天花记录首次见于公元 4 世纪医学家葛洪的《肘后备急方》，有学者据此推论天花是公元 1 世纪传入中国的。[2]

关于人痘接种术发明的具体时间，在历史文献中有唐代、宋代、明代等几种说法，学术界还存在争议。但比较确定的是，该方法的运用不晚于 16 世纪。人痘接种术发明之初，一直在民间秘传，直到清朝康熙年间，获得官方推广而愈发流行。[3]

历史上记载的人痘接种方法大致有四种，即痘衣法、痘浆法、旱苗法和水苗法，这些方法历经了中国古代医师的挑选和取舍。[4] 痘衣法，是给被接种者穿上天花患者的内衣，该法比较原始，有危险性，后来较少被采用。痘浆法，是用天花患者痘浆浸染棉花，塞进被接种者的鼻孔，因其危险性较大，且对患者有损，后来杜绝。旱苗法，是把天花患者脱落的痘痂，研磨成粉末，通过细管吹入被接种者的鼻孔，粉末量不易控制，难于掌握。水苗法，是将痘痂研细调水，沾染在棉花上，塞入被接种者鼻孔，六个时辰（12 小时）后取出，此法相对安全可靠，使用最多。[5]

古人还逐渐发现了降低人痘接种毒性的方法。早期种痘使用的是自然感染天花患者的痘浆或痘痂（谓之“生苗”或“时苗”），毒性较大。后来采用人为感染所发的痘痂研粉（谓之“种苗”），并经过精选和多次培养，使其更加安全（谓之“熟苗”）后才使用。这样就极大地增加了接种的安全性。[6]

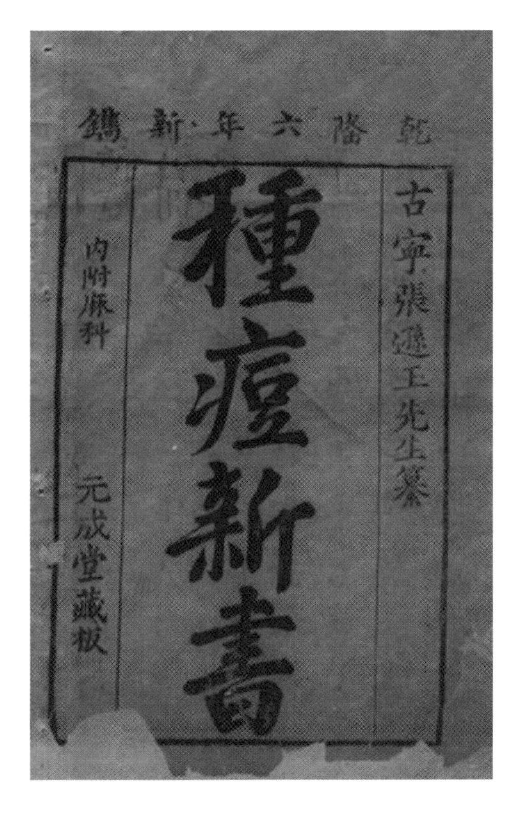

清·《种痘新书》（封面）

人痘接种术后来传到日本、朝鲜、俄国、土耳其、英国、美洲、北非和印度等地，使得无数生命免受天花的危害。得益于人痘接种术的启发，英国人琴纳（Edward Jenner）于1796年发明了更为安全的牛痘接种术。1980年5月8日，世界卫生组织正式宣布人类已免于天花疾病。作为世界免疫学的先驱，人痘接种术的发明为人类预防天花作出了不可磨灭的贡献。

（郑 术）

参考文献

❶（美）肯尼思·F·基普尔 主编，张大庆 主译．剑桥世界人类疾病史．上海：上海科技出版社，2007，248-249.

❷ 张大庆．医学史十五讲．北京：北京大学出版社，2007，140.

❸ 廖育群，傅芳，郑金生．中国科学技术史·医学卷．北京：科学出版社，1998，416-717.

❹ 李约瑟．中国科学技术史．第六卷：生物学及相关技术．第六分册．医学．北京：科学出版社，上海：上海古籍出版社，2013，134.

❺（清）吴谦，等．医宗金鉴．卷六十．乾隆四年（1739），122-124.

❻ 张大庆，和中浚．中外医学史．北京：中国中医药出版社，2005，136.

下篇

工程成就

76. 曾侯乙编钟

曾侯乙编钟
湖北省博物馆，湖北出土文物精粹，文物出版社，2006年，102–103

编钟是中国古代礼乐重器，为历代宴饮、朝聘和祭祀活动所必备。在迄今考古发现的先秦编钟实物中，以曾侯乙编钟的数量、组别最多，重量最大，音律也最为完备。❶

曾侯乙编钟出土于湖北随州擂鼓墩一号墓，其主人是战国早期曾国的君主曾侯乙，下葬年代在公元前433年或稍晚。与编钟同出的还有编磬、鼓、瑟、琴、笙、篪、排箫等8种125件乐器。❷

这套编钟共8组64件，分为钮钟和甬钟两种。其中，钮钟19件，形制相同，均扁如合瓦，分三组悬挂于钟架上层三根横梁上。甬钟45件，分五组悬挂于钟架中、下层横梁上。依钟枚的有无和长短又可分为三种型式：Ⅰ式22件，包括下层1组3件、2组9件，中层3组10件，均为长枚钟；中层1组的11件为Ⅱ式，皆属短枚钟；中层2组的12件属Ⅲ式，都是无枚钟。另有楚王镈1件，与钮钟、甬钟一样均以青铜铸制。钟架簨虡一副，铜木结构，为曲尺形立架，西架长7.48米、高2.65米，南架长3.35米、高2.73米。挂钟构件65副，演奏工具8件。编钟及钟架簨虡铜构件用铜量达5吨。

钟架下层铜人柱
中国音乐文物大系总编辑部，中国音乐文物大系·湖北卷，大象出版社，1996年，206

钮钟和甬钟均用组合陶范铸造而成。钮钟铸范为双面陶范和钟体泥芯构成，钟体泥芯相对舞部正中和两面钲部的地方以泥质芯撑定位。甬钟形制复杂，以中层为例，先铸甬部，内留泥芯，再嵌入铸型内，整个铸型分为2段、4个层次，所用范芯可达136块。

从测音结果来看，全套钟的音域宽达五个八度音程又一大二度。每件钟均能发出双音，音响完好。曾侯乙编钟的错金铭文有2800多字，标记音名和乐律。学界对其铭文的隶定、释读揭示其音列应用的是“頵曾体系”生律法，而非史传以三分损益律解释的钟律。

曾侯乙编钟在声学、乐律学、冶铸技术和工艺美术等方面所取得的成就，都超出了令人的想象，达到了令人惊叹的高度。这套编钟的出土，受到了国内外学术界的广泛关注，引起人们对编钟设计铸作奥秘的浓厚兴趣。

（关晓武）

参考文献

❶ 华觉明. 中国古代金属技术—铜和铁造就的文明. 郑州：大象出版社，1999，213-250.

❷ 冯光生，谭维四. 曾侯乙编钟的发现与研究. 见：湖北省博物馆，等 编，曾侯乙编钟研究. 武汉：湖北人民出版社，1992，20-69.

77. 都江堰

都江堰始建于秦昭王末年（公元前256—前251年），位于今四川省都江堰市西的岷江干流上，是世界上现存历史最久远的无坝引水工程❶。

都江堰最早由秦国蜀郡太守李冰主持兴建，经历代不断改造与完善，沿用至今。渠首枢纽包括鱼嘴、飞沙堰、宝瓶口三项主要工程，分别起到分水、泄洪排沙和引水作用。鱼嘴位于江心沙洲顶端，将岷江分成内外二江，外江以行洪为主，内江为引水总干渠，因选择在特定位置，在分水时具有调节内外江水流比例的作用，在旱涝时期形成不同的四六比例，适应了灌溉与防洪的需要❷。

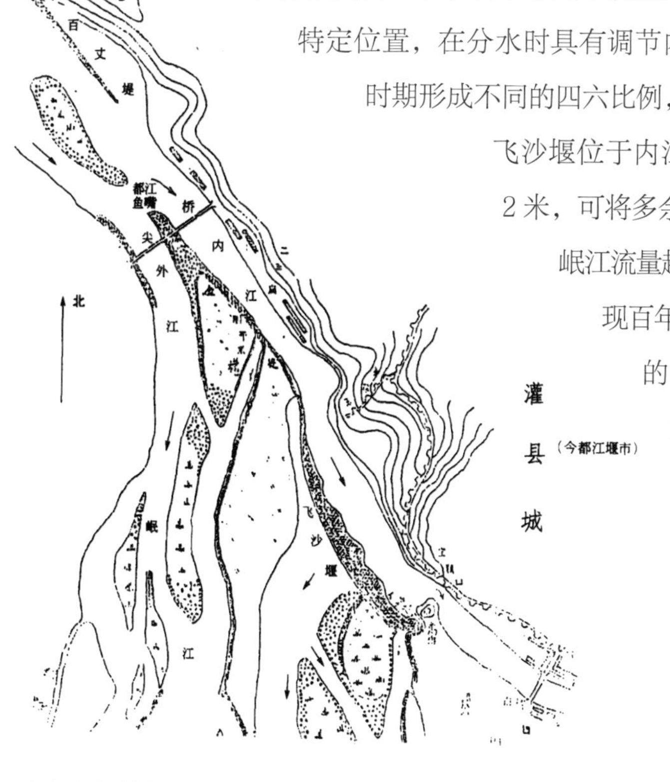

都江堰渠首枢纽布置及都江堰鱼嘴结构图
（根据《水利》（1934）第1卷第六期四川都江堰详图改绘）周魁一，中国科学技术史·水利卷，科学出版社，2002年，210

飞沙堰位于内江右岸的弯道处，比内江河床高2米，可将多余的水排出，起到泄洪排沙作用。岷江流量越大，飞沙堰排洪作用也越大。出现百年一遇的洪水时，可排出内江流量的75%以上。宝瓶口位于内江左岸，为人工开凿而成，起到向下游引水灌溉作用，并防止内江洪水过多进入成都平原。当内江洪峰超过一定值以后，宝瓶口的进水流量就很少再增加；出现非常洪水时，飞沙堰自行溃决，加大泄洪量，使宝瓶口前水位迅速下降。宝瓶口的控制功能，对下游灌区的防洪涝作用很大。

都江堰

都江堰历史上留下“深淘滩、低作堰”六字诀[3]，即每年须将内江凤栖窝下的河床淘至一定深度，否则次年就会使宝瓶口进水流量不足，无法保证灌溉需要。同时，为保证泄洪和排沙的效果，飞沙堰不宜修筑太高，否则还可能给农业造成水患[4]。这反映出当时的人们对流体力学现象已经有一定的认识[5]。

都江堰将岷江水引入成都平原腹地，打开了成都平原与长江的通道，并在战国以后逐渐演变成以灌溉为主的水利工程[6]。建造者们利用河流的地形和水流等自然条件，以最少的工程设施实现引水、排洪、排沙等多方面的工程效益，在两千多年中持续使用[7]，消除了岷江水患，对成都平原的农业发展和区域开发产生了重大影响。都江堰设计巧妙，效益卓著，是闻名世界的水利工程。

（陈晓珊）

参考文献

1. 金永堂，谭徐明．都江堰．见：中国大百科全书总编辑委员会 编．中国大百科全书`水利．北京：中国大百科全书出版社，2002，61-62.
2. 四川省水利电力厅，都江堰管理局．都江堰．北京：水利电力出版社，1986，66.
3. 许肇鼎．都江堰“深淘滩，低作堰”六字诀的由来．四川水利志通讯，1984（5）：73-75.
4. 《灌县都江堰水利志》编辑组．灌县都江堰水利志．1983，49-50.
5. 杨向奎．“深淘滩，低作堰”的流体力学意义．四川水利史研究，1985（2-3）：26，27.
6. 卢嘉锡 总主编，周魁一 著．中国科学技术史·水利卷．北京：科学出版社，2002，208.
7. 彭述明 主编，谭徐明 著．都江堰史．北京：科学出版社，2004，91.

78. 长城

张掖汉长城遗址
（甘肃旅游局官网）

长城是古代中国为抵御北方游牧民族的侵袭，所修筑的规模浩大的军事工程的统称。长城东西绵延上万华里，因此又称作万里长城。秦始皇统一中国后，于公元前 213 年将原各诸侯国在北方边境所修长城连接起来，形成万里长城。此后多个王朝都营造长城。今天所见长城多为明代所建，西起甘肃嘉峪关，东到辽宁丹东虎山长城。中国历代长城总长度为 21196.18 千米，[1] 是人类文明上最巨大的单一建筑物，以及修缮时间持续最久的建筑物。

长城把边地上散布的关塞、亭、障等防御设施连接起来，初步形成一套以保卫农耕地区安全为目的，以长城为主体，以关塞亭障为据点的大规模军事防御体系，这无疑也是规模浩大的工程

长城（北京附近）

体系。作为纯军事性质的边防筑城，长城特别强调依凭山河险阻，原则是“务据形胜”而“不资丁赋”。中国筑城向来强调因地制宜、就地取材，这个特点在长城的建造上表现得尤为突出。根据经行地段的自然条件，长城或以土筑，或以石砌，或土石结合建造，综合了中国平原筑城和山地筑城的技术。[2]

除军事意义外，长城的修筑在中国历史中社会、文化和经济等诸多方面都带来巨大影响。现在长城已成为中华文明的代表性符号之一。

（陈　巍）

参考文献

❶ 文冰. 长城保护宣传暨长城资源调查和认定成果发布活动举办. 中国文物报，2012-6-6：1.

❷ 钟少异. 中国古代军事工程史 · 从上古到五代. 太原：山西教育出版社，2008，309.

79. 灵渠

灵渠在今广西兴安境内，是古代沟通长江水系与珠江水系的运河，全长30余千米[1]。它由秦始皇统一六国后派戍岭南的军队开凿，沟通了湘江上游的海洋河和漓江支流始安水，从而将军粮运输到岭南地区。

灵渠工程最初由秦监御史禄主持修建，后经汉代马援、唐代李渤、鱼孟威和宋代李师中改建修治，形成完整的工程体系，其中主要包括南渠、北渠、铧嘴、大小天平、秦堤、陡门和泄水天平[2]。

南渠和北渠是运河的主体结构，分水塘建在湘江上游刚刚流入平原、河面开阔、水流速度相对缓慢的地点。分水工程包括铧嘴和大小天平石堤，它们呈“人”字形结构，起到激水分流、引湘入漓的作用[3]，并避免与来水方向垂直相交，从而减小了水流对堤坝造成的压力。

铧嘴位于大小天平的前端，是长约70米的导水堤，用巨石堆砌而成。它起到分水作用，将海洋河水分成两支，其中大约三分经南渠入漓江，七分经北渠入湘江。大天平长343.3米，小天平长127米[4]，外侧部分用竖直的长石排列而成，

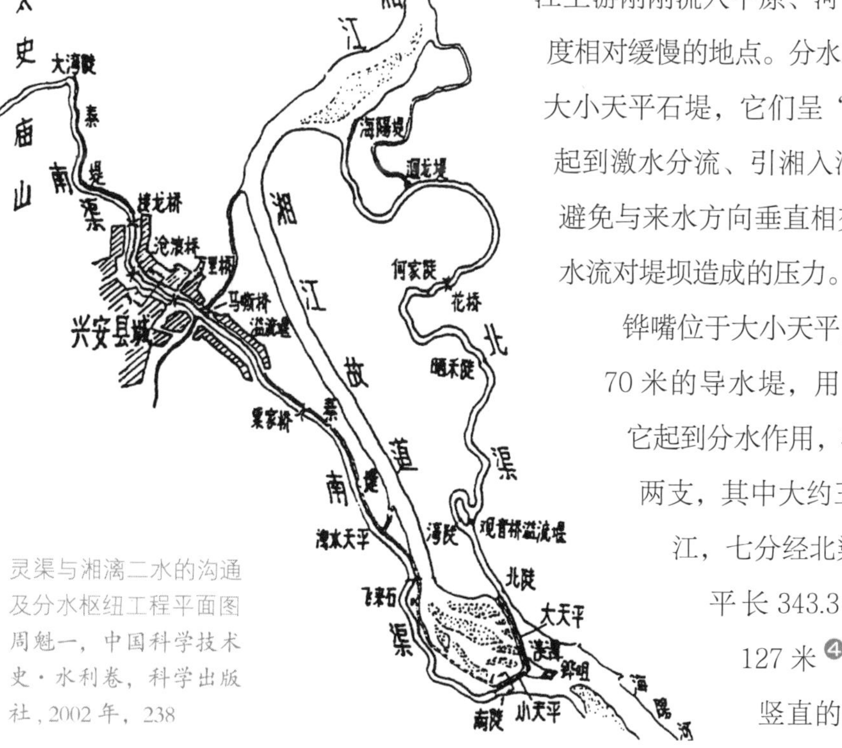

灵渠与湘漓二水的沟通及分水枢纽工程平面图
周魁一，中国科学技术史·水利卷，科学出版社，2002年，238

灵渠上的陡（斗）门，与现代的船闸作用原理相近
广西教育学院《兴安灵渠》写作组，《兴安灵渠》书前图版，广西人民出版社，1974 年

大小天平石堤
桂林灵渠旅游网 2012 年 3 月 10 日文章《灵渠》

称“鱼鳞石”，可以减小下泄水的冲击力，还可以使河水带来的泥沙充填在石块缝隙中，从而使石块之间更加紧密[5]。北渠的宽度大于南渠，共同起到调节水量的作用。

为了调整水位差，修建北渠时放弃了湘江故道，选择了曲折的渠线，从而减缓了水流速度，可以在人力牵挽下行船[6]。陡门是灵渠的通航建筑物，是渠道两岸相对的半圆形石堤，多时达 36 个，相距数百米到一千米不等，具有类似现代船闸的作用，目的是提高水位，形成连续的微型水库，利于行船[7]。

灵渠工程显示了高超的整体规划、测量和施工技术，同时具有交通和灌溉功能，起到跨流域调水作用，是最著名的越岭运河之一[8]。它长期作为连接中原和两广地区的交通干线，对岭南的开发产生了重大影响。

（陈晓珊）

参考文献

1. 吴树平．灵渠．见：中国大百科全书总编辑委员会中国历史编辑委员会秦汉史编写组．中国大百科全书出版社编辑部 编．中国大百科全书 · 中国历史 · 秦汉史 2．北京：中国大百科全书出版社，1986，106.
2. 陈茂山．灵渠．见：中国历史大辞典 · 科技史卷编纂委员会 编．中国历史大辞典 · 科技史卷．上海：上海辞书出版社，2000，392-393.
3. 广西教育学院兴安灵渠写作组 编写．兴安灵渠．南宁：广西人民出版社，1974，19.
4. 郑连第．灵渠工程史述略．北京：水利电力出版社，1986，33-36.
5. 广西教育学院兴安灵渠写作组 编写．兴安灵渠．南宁：广西人民出版社，1974，21.
6. 武汉水利电力学院、水利水电科学研究院中国水利史稿编写组 编．中国水利史稿 · 上．北京：水利电力出版社，1979，168.
7. 莫杰．灵渠．南宁：广西人民出版社，1981，24-28.
8. 卢嘉锡 总主编；周魁一 著．中国科学技术史 · 水利卷．北京：科学出版社，2002，236.

80. 秦陵铜车马

秦陵铜车马是指两套（乘）大型彩绘青铜车马模型及车载器物模型，1980 年出土于陕西临潼秦始皇陵封土西侧，是现存最完整、外形最大的铜车马。作为 2000 多年前的制品，其创造性主要表现为三个方面的“精”：精巧复杂的结构设计、精湛的制作技艺、融合科学功能与艺术创作为一炉的精美工艺品。❶

两套铜车马按出土时的前后顺序编为一号铜车马和二号铜车马，均为单辕、双轮、四马系驾。一号铜车是车队中的立车，起到警卫和征伐的作用；二号铜车是安车，作为皇帝的乘舆。两套车马整体设计严谨合理，零部件虽多，但组装搭配巧妙，功能明确。7000

一号铜车马侧视图（彩图）
秦始皇陵博物院，秦陵铜车马

二号铜车马侧视图（彩图）
秦始皇陵博物院，秦陵铜车马

多个零件，组装成两车的行驶部件、牵引系驾部件、车身部件和多种杂器和附件[2][3]。设计者的巧思体现在车辆的平稳行驶、运转与载荷分布、轮辐轮毂连接强度，甚至附件的操控等诸多方面。

铜车马的制造繁复、难度大、工艺精湛。一号铜车马，车马通长225厘米、高152厘米，重1061千克；二号铜车马通长317厘米，高106厘米，重1231千克。两车除了锡青铜构件，还包括不少金银构件。制造时，综合运用浑铸、铸接、铸焊、拉丝、镶嵌、錾刻、抛光等机械热加工、冷加工和装配等多种高难度的工艺。铜车马造型准确，细部处理真实具体，制作精良，集战国金属工艺之大成，是带有总结性的代表作品[4]。

铜车马形制规整，生动逼真，通体彩绘，装饰华丽，力求准确地再现了实物的结构和出行的宏大气势[5]。彩绘不仅使青铜器上的纹样更加绚丽多彩，也巧妙地掩饰了制造中形成的沙眼、修补痕迹等缺陷，而且延缓了金属的氧化过程。

车辆与马匹对人类的影响长达数千年，历史上各文明相互竞技，各有千秋。中国古代逐渐发展并延续了独具特色的车辆设计制造技术、马匹驯养和系驾技术[6]。精工细作的秦陵铜车马，在作为陪葬品设计制作之前，很可能对真实的车马做了系统测绘[7]，是两千年前中国成熟的车辆构造和轭靷式系驾法的实证[8]。

（孙　烈）

参考文献

❶ 陆敬严，华觉明. 中国科学技术史・机械卷. 北京：科学技术出版社，2000，274-297.

❷ 秦始皇陵兵马俑博物馆，陕西省考古研究所. 秦始皇陵铜车马发掘报告. 北京：文物出版社，1998.

❸ 秦始皇帝陵博物院. 秦始皇陵出土一号青铜马车. 北京：文物出版社，2012，4-5.

❹ 华觉明. 中国古代金属技术——铜和铁造就的文明. 郑州：大象出版社，1999，200-201.

❺ 苏荣誉. 秦始皇陵铜车马. 见：郭书春，李家明. 中国科学技术史・词典卷. 北京：科学出版社，2011，281.

❻ Bonnie L. Hendricks. *International Encyclopedia of Horse Breeds*. University of Oklahoma Press，2007，124-125.

❼ Peter J. Golas. *Picturing Technology in China: From Earliest Times to the Nineteenth Century*. Hong Kong University Press，2014，27-278.

❽ 张柏春. 机械技术. 见：路甬祥 主编. 走进殿堂的中国古代科技史（下）. 上海：上海交通大学出版社，2009，172.

81. 安济桥

安济桥位于河北省赵县，跨于洨河之上，又称“赵州桥”、“大石桥”等，是现存世界上最古老的造型成熟的敞肩式石拱桥。该桥由李春设计建造，始建于隋文帝开皇十五年（595年），建成于隋炀帝大业二年（606年）。❶

拱桥是桥墩台之间以拱形的构件作承重结构的一种桥梁，以石拱桥最为常见。❷ 其中将桥肩的部分填料挖去，形成叠加的小拱的形式，称为敞肩式拱桥。罗马帝国时期已出现木结构敞肩拱桥，但建成后不久即告废弃。❸

安济桥以矢跨较小的圆弧石拱代替习用的半圆形拱。净跨为37.35米，矢高为7.23米，矢跨比例只有约五分之一，❹ 这使得桥高降低，道路平坦，便于通行。❺ 桥的大拱上开有四个小拱，既增

安济桥

安济桥小券

安济桥大券底面

加桥梁过水面积，减少了河流洪水对桥体的冲击力，又节省石料，减轻了桥身重量。安济桥的建造采用了并列 28 道拱券的砌筑方法，为弥补这种方法各拱券间横向联系不足的缺陷，设计者采用了腰铁、收分、[6] 勾石、[7] 拉杆等多种措施。安济桥之基础的特点为低拱脚、浅基础、短桥台，充分利用了基底的承载力，避免了显著的沉陷，这在主要依赖设计者经验的古代，是很不容易的。[8] 以上这些措施使得安济桥在 1000 多年中经历多次洪水、战乱及地震损害后，仍能作为整体屹立不倒。

安济桥在唐代被誉为“天下之雄胜”，对中国石拱桥发展影响很大，在各地多有模仿其形式建造的敞肩石拱桥。欧洲此类桥梁直到公元 12 世纪才出现，安济桥以其杰出的设计在世界桥梁发展史中具有里程碑意义。

（陈　巍）

参考文献

❶ 唐寰澄. 中国科学技术史 · 桥梁卷. 北京：科学出版社，2000，248.

❷ 中国历史大辞典 · 科技史卷编纂委员会 . 中国历史大辞典 · 科技史卷 . 上海：上海辞书出版社，2000，473.

❸ C. O'Connor. Roman Bridges. Cambridge: Cambridge University Press，1993，142-145.

❹ 唐寰澄. 中国古代桥梁. 北京：中国建筑工业出版社，2010，133.

❺ 罗马帝国时期也有这类扁拱桥，如现土耳其 Limyra 附近的“四十拱桥”（建于公元 3 世纪），矢跨比最大达到 6.5 比 1（C. O'Connor. Roman Bridges. Cambridge: Cambridge University Press，1993，126）。

❻ 梁思成. 中国建筑艺术二十讲. 北京：线装书局，2006，189.

❼ 罗英，唐寰澄. 中国石拱桥研究. 北京：人民交通出版社，1993，6-7.

❽ 茅以升. 中国古桥技术史. 北京：北京出版社，1986，82.

82. 大运河

（左下）隋代运河图
王虎华主编；扬州市政协文史和学习委员会编：《扬州古运河》，北京：中国文史出版社，2006年，16

（右下）元代京杭运河示意图
王虎华主编；扬州市政协文史和学习委员会编：《扬州古运河》，北京：中国文史出版社，2006年，25

中国古代曾两次形成重要的全国运河体系，即隋代形成的南北大运河和元代形成的京杭大运河。隋代的南北大运河贯通于公元7世纪初，以洛阳为中心，主体由通济渠、永济渠、山阳渎、江南河四条运河相连而成，全长2700余千米，是我国第一次形成全国性的运河体系。

隋代各段运河的开凿时间和目标各不相同，分别具有解决关中漕运、用兵江南和辽东，以及沟通中原和江南经济区的功能。其技

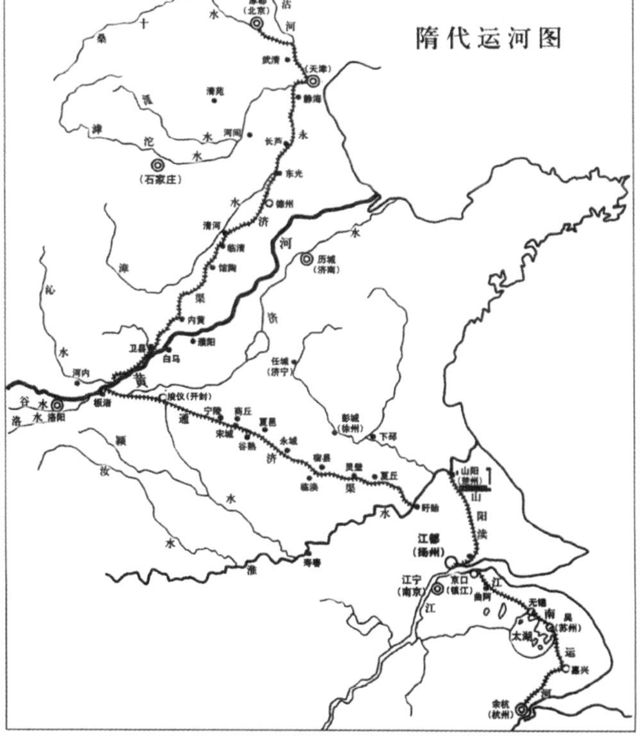

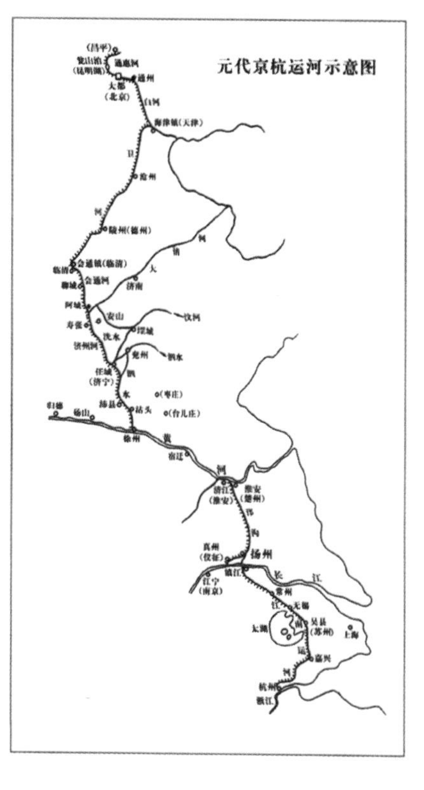

术特点是利用各地的河湖水源和地形特点，选择有利水道，将此前各地的区间性运河连成一体[1]。

唐宋时期继续沿用隋代的运河体系，运河沿线设立大量仓廪，北宋形成以开封为中心的漕运四渠，使北方政治中心得到来自江南产粮区的物资供应[2]。

京杭大运河贯通于1293年。由于国家政治中心已在大都（今北京），运河走向进行了相应调整，淮河以南部分基本未变，淮北部分改由山东、河北直接北上，直至元大都。在元、明、清时期运河体系的兴建和调整过程中，先有元代郭守敬的大范围水资源考察和大地测量工作，而后通过元明时期的一系列工程，如调整河流走向，沿河修建梯级船闸，逐级调蓄水流等方式，解决了船舶通过高地坡岭的问题，使运河通过山东地垒和京西北丘陵，实现了济州河、会通河和通惠河在元代的通航[3]。

明代山东境内兴建南旺分水枢纽工程，解决了会通河水源问题，并增加船闸，改善了运河高差和水量调节问题[4]。清代改建河道，使黄河与运河分离，改变了运河淤积情况[5]。在黄河、淮河、运河三河相交的淮安建设清口枢纽工程，其中高家堰大坝长近70千米，成为历史上江苏淮扬地区的防洪屏障，明清时期先后在大堤上建立泄水闸和减水坝。洪泽诸湖被合建成大湖，目标是蓄水冲

淮安清江闸
全国政协文史和学习委员会办公室，全国政协办公厅新闻办公室编：《京杭大运河2006》，中国文史出版社，2007年，102

刷黄河河道，并为运河提供水量，基本具备现代水库的工程特质，起到维护运河航道畅通的作用，也成为现代洪泽湖水利枢纽工程的基础[6]。

京杭大运河贯穿海河、黄河、淮河、长江、钱塘江五大水系，全长1794千米[7]，在明清时期持续将江南漕粮运到北京，成为国家经济命脉。整治、改建大运河的一系列工程措施，体现了中国古代水利技术的综合成就。

（陈晓珊）

参考文献

1. 田余庆.《运河访古》前言. 见：唐宋运河考察队 编. 运河访古. 上海：上海人民出版社，1986.
2. 史念海. 中国的运河. 西安：陕西人民出版社，1988，204-247.
3. 周魁一. 中国科学技术史 · 水利卷. 北京：科学出版社，2002，239-246.
4. 彭云鹤. 明清漕运史. 北京：首都师范大学出版社，1995，102-106.
5. 王永谦. 运河. 见：中国大百科全书出版社 编. 中国大百科全书 · 中国历史. 北京：中国大百科全书出版社，1994，933.
6. 徐乾清；高安泽 册主编；于必录，等 撰稿. 中国水利百科全书 · 著名水利工程分册. 北京：中国水利水电出版社，2004，19-20.
7. 程鹏举. 大运河. 见：中国历史大辞典 · 科技史卷编纂委员会 编. 中国历史大辞典 · 科技史卷. 上海：上海辞书出版社，2000，38-39.

83. 布达拉宫

布达拉宫位于西藏拉萨河谷平原红山上，海拔高度近 4000 米，是我国著名的古建筑之一。无论从宫殿设计、土木工程、金属工艺，还是雕塑、壁画等方面而言，布达拉宫都集中体现了古代西藏人民的勤劳智慧和藏族建筑艺术的伟大成就，因此被誉为“世界屋脊的明珠”。❶

布达拉宫的前身是公元 7 世纪松赞干布所修宫殿，后一度衰败。1645 年五世达赖开始重建布达拉宫，于 1693 年基本完工，其后又多次进行扩建，形成今日规模。17 世纪后长期作为达赖喇嘛的冬宫使用。

布达拉宫占地约 40 余万平方米，总体由山上的宫堡群、山下的方城和山后的龙王潭花园三部分组成。其中宫堡群是用巨石块沿南面山坡依山势所建，占据整座山头，总平面呈不规则布置。主体建筑包括红宫与白宫，居于山顶的最高处，两侧为附属建筑。东西总长约 370 余米，南北最宽处为 100 余米，高 117.19 米，总建筑面积为 57700 余平方米。❷

布达拉宫主体建筑群

红宫达赖世系殿斗拱雕饰

布达拉宫壁画廊壁画：采石图（左上）、运石图（右上）、水运图（左下）、打铁图（右下）

从总体设计思想到建筑具体设施，布达拉宫均强烈反映出西藏社会鲜明的政治和宗教色彩。其规模之大和完工之快，都与古代西藏政教合一的社会制度息息相关。每次兴筑，事先均有设计、施工的负责人，有统筹的安排和周密的计划，反映出其施工组织的严密性。设计者在新旧建筑之间，注意统一和协调，从而达到巍峨壮观、浑然一体的艺术效果。从结构、外观到内部做法，都采用传统的藏族建筑形式，反映出藏族工匠对建筑艺术和技术的高超驾驭能力，可以说，布达拉宫是藏族灿烂文化的象征。[3]

（陈　巍）

参考文献

1. 西藏自治区文物管理委员会．布达拉宫．北京：文物出版社，1985，25.
2. 西藏建筑勘查设计研究院．布达拉宫．北京：中国建筑工业出版社，2011，19.
3. 西藏建筑勘查设计研究院．布达拉宫．北京：中国建筑工业出版社，2011，14.

84. 苏州园林

苏州园林是指苏州的古典园林建筑，以私家园林为主。苏州园林历史悠久、造艺精湛，在世界造园史上拥有独特的历史地位，是中华文化的瑰宝。❶

苏州园林的兴起与当地水道纵横、土地肥沃、盛产湖石等自然条件，以及经济殷富、文人辈出、巧匠荟萃的社会条件息息相关。❷苏州园林起始于春秋晚期，发展于唐宋，至明、清两代最为鼎盛。沧浪亭、狮子林、拙政园、留园、网师园等均享有盛名。据1987年纪念苏州建城2500年时统计，苏州有大小园林和庭园227处，现在尚存的还有69处。❸其中，四大名园之沧浪亭始建于公元910年前后。

“咫尺之内再造乾坤”，[1]苏州园林被公认是实现这一设计思想的典范。造园者巧妙地划分景区、空间，运用对比、衬托、对景、借景、强调幽深曲折等手法，增加园景深度，取得景外有景、层次重叠高远的视觉效果。苏州园林“水随山转、山因水活、因水成景”，

拙政园，1920年以前

沧浪亭藕花水榭外，1933年

网师园，吴冠中绘

山水密切融合，给人深远意境的联想。园内建筑轻便灵活，造型丰富，构筑精巧，折射出主人的闲情逸致。山林苑囿之间，自然地点缀以花草树木，大片落叶树与常绿树混合栽植，构成层次富变景色，形成自然山林气氛。以上造园技巧的高超运用，使人“不出城廓，而享山林之怡”，达到“虽由人作，宛自天开”的艺术效果。❹

（陈　巍）

参考文献

❶ 西苏州园林设计院. 苏州园林. 北京：中国建筑工业出版社，2010，14.
❷ 陈从周. 苏州园林. 上海：上海人民出版社，2012，19.
❸ 苏州园林管理局. 苏州园林. 上海：同济大学出版社，1991，序.
❹ 苏州园林管理局. 苏州园林. 上海：同济大学出版社，1991，5-36.

注释

[1] 这是世界遗产委员会的评价。见：http://whc.unesco.org/en/statesparties/cn

85. 沧州铁狮

沧州铁狮位于河北省沧县旧州城开元寺前，身长6.264米，体宽2.98米，通高5.47米，重约31.5吨，是古代最大的铸铁件❶。1961年，沧州铁狮被国务院列为第一批全国重点文物保护单位，当地又称作“镇海吼”。铁狮上铸有“大周广顺三年铸”、“狮子王”、“山东李云造”等字，表明铸作年代为公元953年，李云可能是铸造铁狮的负责人或工匠，抑或是捐资人❷。铁狮可能是佛座，莲盆上曾立有文殊菩萨的铸像❸。

铁狮为立式，体首向南，身披障泥，背负莲盆，前胸及臀部饰束带，鬃作波浪状披垂项上，巨口大张，昂首怒目，四肢叉开，作行走状，气势刚阳雄伟，造型生动逼真。清代文人李云峥作《铁狮赋》，赞美铁狮“飙生奋鬣，星若悬眸，爪排若锯，牙列如钩。既狰狞而蹀躞，乍奔突而淹留。昂首西倾，吸波涛于广淀；掉尾东扫，抗潮汐于蜃楼”，对铁狮的雄姿和气势作了绝妙而生动的描述。

铁狮内外壁均有锈层，呈棕褐色。表面存在规则的冷隔线、矩形范块痕、夹渣、裂纹、凹槽和缩孔等铸造缺陷。颈背部内面可见铸入的熟铁

民国22年《沧县志》中沧州铁狮的照片

沧州铁狮

凸筋，用以提高结构强度，铁狮表面可观察到圆头钉痕迹。狮身通体有纵横向铸造披缝，表明是用约 25 厘米 ×45 厘米的长方形泥范拼合成型，共用五百多块泥范。铁狮是含碳 4.3% 的灰口铁铸件，它是以木炭为燃料、熔几十吨生铁浇注而成，是中国冶铸工艺史上的奇迹[4]。

（周文丽）

参考文献

❶ Wagner D B.. *Science and Civilisation in China, Vol. 5: Chemistry and Chemical Technology, Part 11: Ferrous Metallurgy*. Cambridge: Cambridge Univ. Press，2008，291.

❷ 沧州市文物局. 沧州铁狮与旧城. 北京：科学出版社，2008，5.

❸ 罗哲文. 沧州铁狮子. 文物，1963（2）：38.

❹ 吴坤仪，李京华，王敏之. 沧州铁狮的铸造工艺. 文物，1984（6）：81-85.

86. 应县木塔

应县佛宫寺释迦塔，位于山西省朔州市应县，因塔身为木构，俗称应县木塔。它建成于辽道宗青宁二年（1056 年），是中国唯一的纯木构大塔，也是世界现存最高的古代木构建筑[1]。木塔设计精密、建造宏伟、内涵丰富，融建筑、文化、宗教和艺术于一身，被赞为中国古代“最迷人的木构建筑之一”[2]。

与此前的同类建筑相比，应县木塔的创造性颇多[3]。应县木塔高 67.31 米，为八角五层结构，塔的平面是八角形，塔身外观虽是五层，但二至五层每层下面都有一个暗层，实为九层。端庄俊丽、巧夺天工的内外塔身仅为其表，而塔的总高、檐柱高、塔身细长比、各层的面阔、斗拱的变化和立面比例等关键技术指标经过严密的计算，确保了合理的结构受力。建造时，塔身立于坚实的基座上，工程地质条件非常好。底层的内槽和外檐角柱用双柱，柱间又以厚墙填充，塔身愈加稳固[4]。内外两圈柱联结形成了柔性的空间体系，增强了抗震性能，是非常合理的高层建筑结构形式[5]。木塔还设置有抗风、抗震和防扭转的斜撑与支撑构件。此塔屹立近千年，历经风雨、地震和战火而不毁，优秀的工程设计与建造发挥了不可替代的作用[6]。

悠久的应县木塔荟萃了多种文化与艺术的珍品。其各层有泥塑佛像，尤以底层一尊 11 米高的释迦佛像为最。现存历代匾额、题记甚多。塔内珍藏有一批辽代印刷品，纸质优良、印制精美，是中国印刷术广为流传的明证[7]。

木构建筑在中国古代极具影响，应县木塔是其中的一项拥有纪

应县木塔

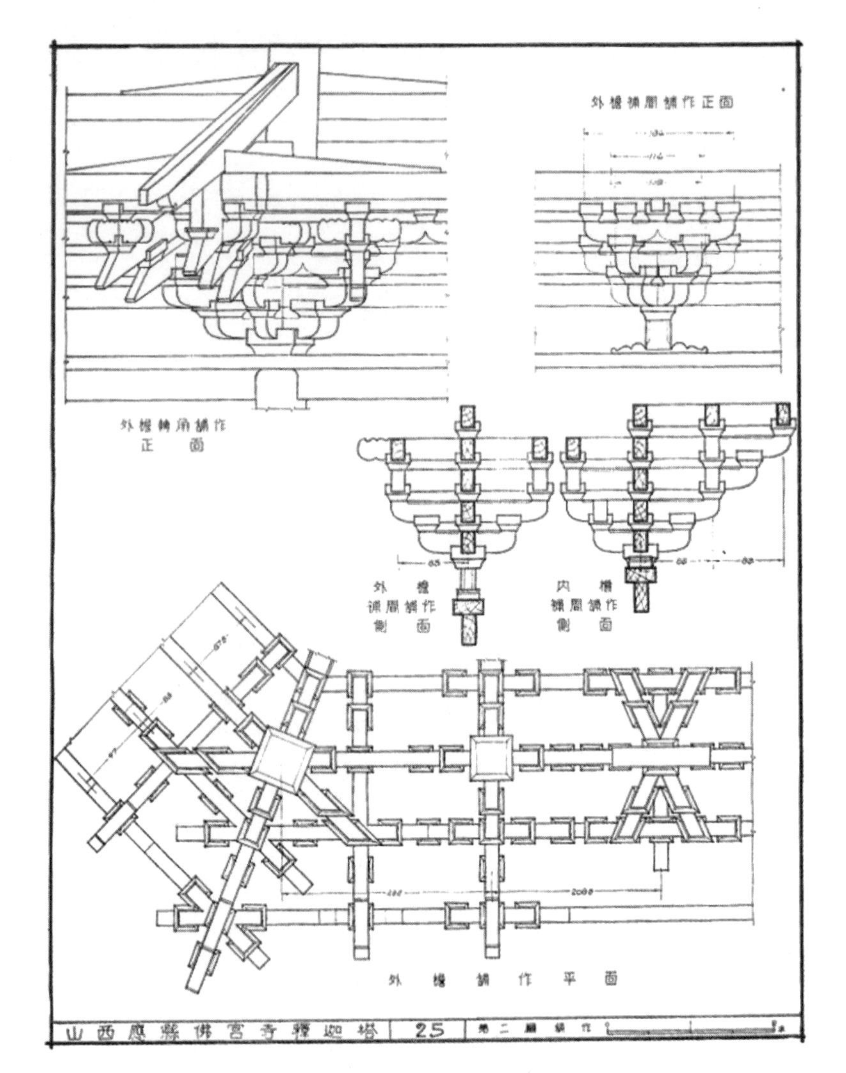

部分斗拱平面图
陈明达编著，应县木塔，文物出版社，1980年，实测图 25.

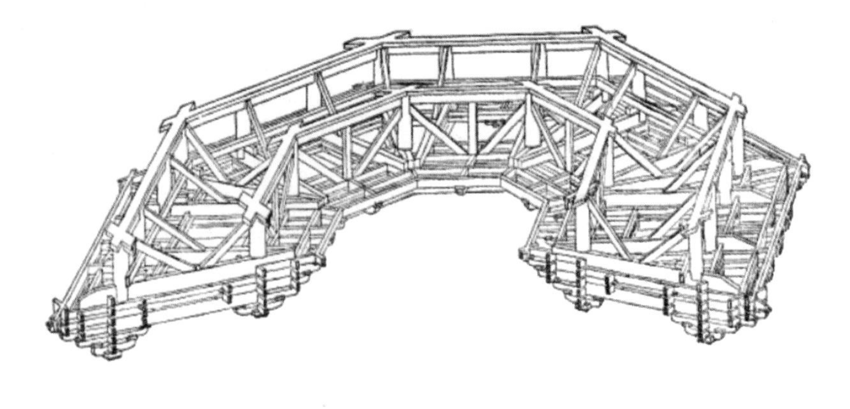

塔结构体系示意图
陈明达编著，应县木塔，文物出版社，1980 年，49

念性品质、工巧结构和耐久性能的伟大工程[8]。它是历史长河中不同民族、各具特色的文化与多样性的知识汇聚为一体的典范之作，堪称伟大的文化遗产。

（孙 烈）

参考文献

❶ 罗哲文. 应县木塔. 见：罗哲文. 中国古塔. 北京：中国青年出版社，1985，126-128.

❷ Klaus Zwerger. *Wood and Wood Joints: Building Traditions of Europe, Japan and China*. Walter de Gruyter，2012，287-288.

❸ 陈明达. 应县木塔. 北京：文物出版社，1980，57.

❹ 杨鸿勋. 世界上现存最高的古代木构建筑——山西应县木塔. 见：中国科学院自然科学史研究所 主编 . 中国古代科技成就. 北京：中国青年出版社，1978，653-658.

❺ 中国工程院土木、水利与建筑学部. 山西应县佛宫寺木塔修缮工程咨询报告. 见：中国工程院 . 中国工程院年报（上），2000，236-237.

❻ 刘光勋. 山西应县木塔在地震科学研究中的地位和意义. 山西地震，2002（4）：28-29.

❼ 郑恩准. 应县木塔发现的北京最早印刷品. 见：《北京出版史志》编辑部 编. 北京出版史志. 第 2 辑. 北京：北京出版社，1994，92-121.

❽ 梁思成. 祖国的建筑传统与当前的建设问题. 林徽因 著，梁从诫 编. 林徽因文集. 建筑卷. 天津：百花文艺出版社，1999，394.

87. 紫禁城

紫禁城即北京故宫，是中国明代与清代的皇宫，是世界上现存最大、最完整的木质结构的古建筑群。紫禁城始建于明永乐四年（1406 年），完成于永乐十八年（1420 年），清代又重建、重修，但整体布局保留了明代旧貌。❶

紫禁城东西宽 753 米，南北长 961 米，周围有护城河环绕，城墙四面辟有高大的城门，城墙四隅设有形制华丽的角楼。

紫禁城内部包括沿中轴线分布的南部的外朝与北部的内廷两部分，由南而北依次排列着按照“前朝后寝”格局分布的庞大建筑群。前朝以太和、保和、中和三大殿为中心，以文华、武英两殿为两翼，这里是皇帝处理朝政的区域。内廷以乾清宫、交泰殿、坤宁宫为中心，东西两路又形成分别以宁寿宫和慈宁宫为中心的建筑群，这里是皇帝和嫔妃居住的区域。❷

除了上述中轴线对称的布局特征外，紫禁城沿用了中国常用的手法：利用平矮而连续的回廊以衬托高大的主体建筑，造成相对开朗而又主次分明的艺术效果。这种手法在太和殿的周围表现得十分突出。❸

太和殿是我国现存木结构古建筑中规格、体制最高、面积最大的一座。其内部构件共有 6 行楠木柱，每行 12 根，形成了面阔 11 间（共 60 米）、进深 5 间（33.3 米）的空间。楠木柱高 14.4 米、直径 1.06 米，均是整块巨木。上层檐斗拱出跳四层，下层檐斗拱出跳三层，是古代等级最高的斗拱。❹❺

明・北京宫城图

故宫角楼

太和殿

清代康熙年间，江南木工雷发达被征调到京参加清宫建设，其中包括故宫三大殿的设计和建造。之后，雷发达及其后人以其精湛的建筑技艺被后人尊称为“样式雷”。[6] 如今保存在国家图书馆、故宫博物院等处的“样式雷”建筑图档已经成为珍贵的建筑史资料。

（史晓雷）

参考文献

❶ 潘谷西. 中国建筑史. 北京：中国建筑工业出版社，2001，113.

❷ 赵立瀛，何融. 中国宫殿建筑. 北京：中国建筑工业出版社，1992，99.

❸ 刘敦桢. 中国古代建筑史. 北京：中国建筑工业出版社，1980，287.

❹ 茹竞华，彭华亮. 中国古建筑大系. 1. 宫殿建筑. 北京：中国建筑工业出版社，2004，172-174.

❺ 自然科学史研究所. 中国古代科技成就. 北京：中国青年出版社，1978，582-583.

❻ 张驭寰. 古建筑勘察与探究. 南京：江苏古籍出版社，1988，151-152.

88. 郑和航海

明初永乐三年（1405 年）至宣德八年（1433 年）间，郑和率领船队“下西洋”，即远航西太平洋和印度洋，其目标是增加与西洋各国的联系，扩大明朝在这些地区的影响力。这是古代世界规模最大的长时间远洋航行，在前后七次远航中，曾到达东南亚、南亚、西亚和东非的三十多个国家，包括今越南、印尼、泰国、马来西亚、印度、斯里兰卡、孟加拉、马尔代夫、阿曼、也门、伊朗、索马里等地[1]。

郑和船队规模庞大，海船数量在百艘以上，人员多至 27000 余人[2]，航程十万余里，体现了中国古代航海技术的高超成就。关于船队中体量最大的“宝船”，《明史・郑和传》中记载其长 44 丈，宽 18 丈[3]，但当前学者对《明史》中的记载是否可信，存在着两种完全不同的见解。船队的航行建立在此前中国航海科技发展的整体基础上，帆、舵、水密舱壁、减摇龙骨等技术领先于世界，中国传统风帆利于操使，可利用侧向来风，通过“调戗”方式走之字路线，

明永乐年间《天妃经》卷首图中郑和船队的形象
王伯敏主编，中国美术全集・绘画编・版画，上海美术出版社，1988 年，33

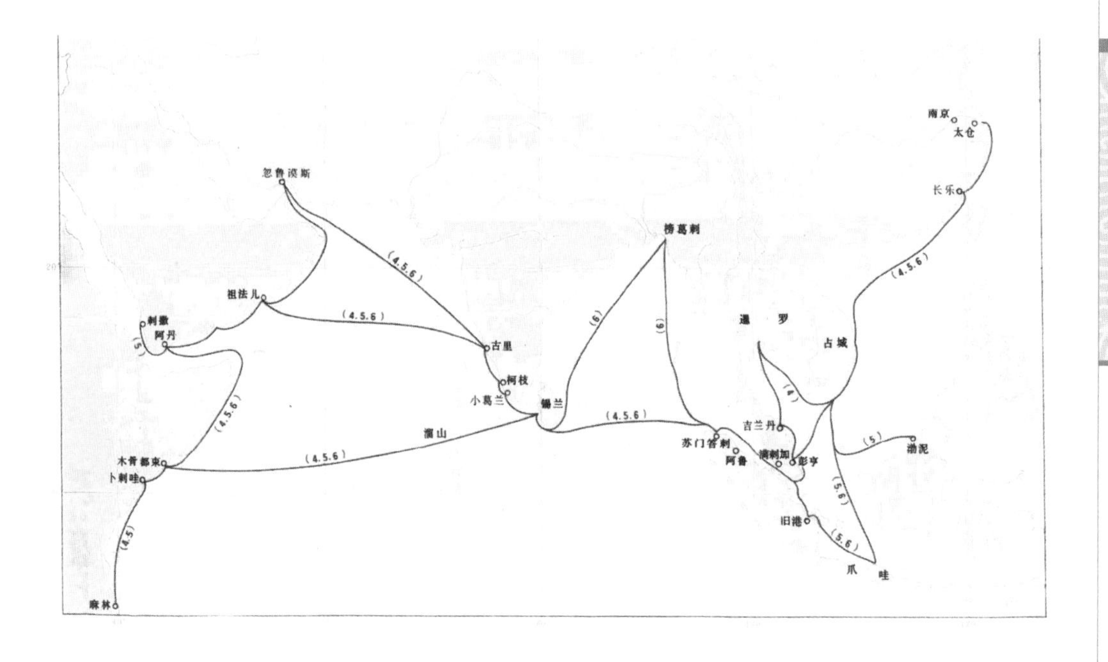

郑和第 4、5、6 次下西洋的航线
海军海洋测绘研究所，大连海运学院航海史研究室编制，新编郑和航海图集，人民交通出版社，1988 年

将顶头逆风变成侧斜风，达到“船驶八面风”的效果❹。南京宝船厂遗址出土 11.07 米长的巨型铁力木舵杆，说明了造船材料的坚固性❺。唐宋时期已经成熟的水密舱技术增加了航行的安全，对具体航程的掌握体现了明代以前对海洋环境的了解，以及长期利用季风和洋流的传统❻。船队在西太平洋的航行主要按照针路进行，针路

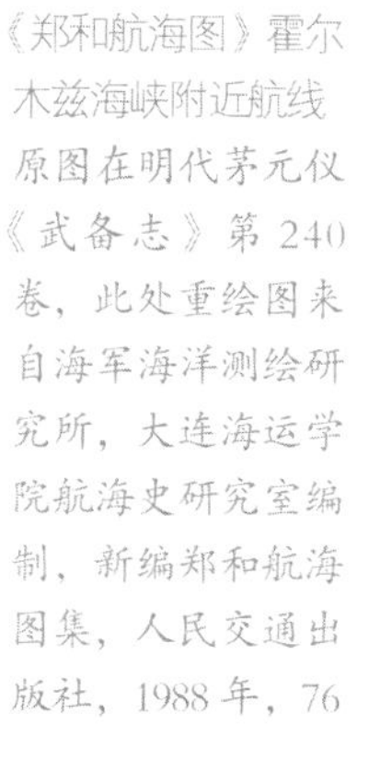
《郑和航海图》霍尔木兹海峡附近航线
原图在明代茅元仪《武备志》第 240 卷，此处重绘图来自海军海洋测绘研究所，大连海运学院航海史研究室编制，新编郑和航海图集，人民交通出版社，1988 年，76

是中国古代航海经验的总结，原理是用磁罗盘针表示航向和方位，并记载相应方向的航程，指导船舶航向[7]。在横渡印度洋时，借鉴了古代阿拉伯天文导航工具，绘制《过洋牵星图》，丰富了中国古代航海技术的内容。

郑和航海是对中国古代航海与造船技术的全面应用、展现和发展，以这项远航活动为名的《郑和航海图》[8]对研究中国传统地图和航海技术具有重要意义。“下西洋”促进了与亚非诸国的交流往来，具有重要的政治、经济与文化影响。

（陈晓珊）

参考文献

❶ 郑鹤声. 娄东刘家港天妃宫石刻“通番事迹记”. 见：纪念伟大航海家郑和下西洋580周年筹备委员会，中国航海史研究会 编. 郑和研究资料选编. 北京：人民交通出版社，1985，97-99.

❷（明）祝允明. 前闻记. 丛书集成初编本. 北京：中华书局，1985，73.

❸（清）张廷玉，等 撰. 明史，卷304. 北京：中华书局，1974，第26册，7767.

❹ 金秋鹏. 中国古代的造船与航海. 北京：中国国际广播出版社，2011，40-45.

❺ 周世德. 从宝船厂舵杆的鉴定推论郑和宝船. 文物，1962（3）：35-40.

❻ 葛云健，张忍顺. 郑和下西洋对季风洋流的认识和利用. 中国航海，2005（1）：14-18.

❼ 海军海洋测绘研究所，大连海运学院航海史研究室 编制. 新编郑和航海图集. 北京：人民交通出版社，1988，7.

❽（明）茅元仪. 武备志. 卷240. 续修四库全书本. 子部第966册，319-329.

中国古代重要发明创造总表

科学发现与创造		年 代
1	干支	商代有干支纪日，汉代以后有干支纪年
2	阴阳合历	商代后期
3	圭表	不晚于春秋
4	十进位值制与算筹记数法	不晚于春秋
5	小孔成像	公元前 4 世纪
6	杂种优势利用	不晚于东周
7	盈不足术	不晚于战国
8	二十四节气	起源于战国，成熟于西汉初期
9	经脉学说	不晚于公元前 3 世纪末
10	四诊法	不晚于公元前 3 世纪末
11	马王堆地图	不晚于公元前 2 世纪
12	勾股容圆	不晚于西汉
13	线性方程组及解法	不晚于西汉
14	本草学	东汉初期
15	天象记录	汉代已较为系统
16	方剂学	汉代
17	制图六体	不晚于公元 3 世纪
18	律管管口校正	公元 3 世纪
19	敦煌星图	公元 8 世纪初
20	潮汐表	始见于公元 8 世纪后半叶
21	中国珠算	宋代
22	增乘开方法	不晚于 11 世纪初
23	垛积术	不晚于 11 世纪末
24	天元术	不晚于 13 世纪初
25	一次同余方程组解法	不晚于 1247 年
26	法医学体系	1247 年
27	四元术	不晚于 1303 年
28	十二等程律	1584 年

29	《本草纲目》分类体系	1578 年
30	系统的岩溶地貌考察	1613—1639 年
	技术发明	年代
31	水稻栽培	距今不少于 10000 年
32	猪的驯化	距今约 8500 年
33	含酒精饮料的酿造	距今约 8000 年
34	髹漆	距今约 8000 年
35	粟的栽培	距今不晚于 7500 ~ 8000 年
36	琢玉	距今 7000 ~ 8000 年
37	养蚕	距今 5000 多年
38	缫丝	距今 5000 多年
39	大豆栽培	距今约 4000 ~ 5000 年
40	块范法	3800 多年前
41	竹子栽培	3000 多年前
42	茶树栽培	周代
43	柑橘栽培	不晚于东周
44	以生铁为本的钢铁冶炼技术	春秋早期至汉代
45	分行栽培（垄作法）	不晚于春秋时期
46	青铜弩机	不晚于战国时期
47	叠铸法	战国时期
48	多熟种植	战国时期
49	针灸	不晚于公元前 3 世纪末
50	造纸术	不晚于公元前 2 世纪
51	胸带式系驾法	西汉时期
52	温室栽培	不晚于公元前 1 世纪
53	提花机	不晚于公元前 1 世纪
54	指南车	西汉时期
55	水碓	不晚于西汉末期
56	新莽铜卡尺	公元 9 年
57	扇车	不晚于公元 1 世纪
58	地动仪	公元 132 年
59	翻车（龙骨车）	公元 2 世纪

60	水排	公元 1 世纪
61	瓷器	成熟于东汉时期
62	马镫	不晚于 4 世纪初
63	雕版印刷术	公元 7 世纪
64	转轴舵	不晚于公元 8 世纪
65	水密舱壁	不晚于唐代
66	火药	约公元 9 世纪
67	罗盘（指南针）	不晚于公元 10 世纪
68	顿钻（井盐深钻汲制技艺）	不晚于公元 11 世纪
69	活字印刷术	公元 11 世纪中叶
70	水运仪象台	建成于 1092 年
71	双作用活塞式风箱	不晚于宋代
72	大风车	不晚于 12 世纪
73	火箭	不晚于 12 世纪
74	火铳（管形火器）	不晚于公元 13 世纪
75	人痘接种术	不晚于公元 16 世纪
	工程成就	**建造年代**
76	曾侯乙编钟	战国早期
77	都江堰	公元前 256—前 251 年
78	长城	始建于战国后期，秦代形成“万里长城”
79	灵渠	公元前 221 年—前 214 年之间
80	秦陵铜车马	秦代
81	安济桥	建成于公元 606 年
82	大运河	隋代大运河于公元 7 世纪初贯通；京杭大运河于 1293 年贯通
83	布达拉宫	始建于公元 7 世纪，重修于 17 世纪中叶
84	苏州园林	四大名园之沧浪亭始建于公元 910 年前后
85	沧州铁狮	公元 953 年
86	应县木塔	1056 年
87	紫禁城	建成于 1420 年
88	郑和航海	1405—1433 年

后 记

中国人到底做出过哪些发明创造？这是我国科技史学者时而要回答的问题。提问者来自科技界、人文社会科学领域，也来自不同层次的决策者与管理者，还有学生和其他读者。我们曾就这样的问题，多次向有关方面做出说明。金秋鹏先生在 1995 年出版过《一百项中华发明》，华觉明先生在 2008 年发表过《中国不仅仅有四大发明：中国二十四大发明述评》一文。

2010 年 10 月 26 日，中国科学院理论物理研究所所长吴岳良院士和美国华裔物理学家杨炳麟教授访问自然科学史研究所，与张柏春所长及郭书春、韩健平、韩毅、苏荣誉、彭冬玲等自然科学史研究所的专家讨论如何补充美国出版的 *Milestones of Science* 挂图，因为它未收入中国人的发明创造。张柏春等认为，我们编制中国科技发明创造挂图比修改美国出版的挂图更可行。此后，张柏春曾与华觉明、罗桂环、韩健平、关晓武等先生讨论如何向广大读者推荐中国古代重要科技发明创造，并于 2013 年 7 月开始与中国科学技术出版社吕建华副社长商讨合作出版挂图及相应图书事宜。

2013 年 8 月 5 日自然科学史研究所成立“中国古代重要科技发明创造”研究组并举行首次会议，依托研究所的古代科技史研究室，正式启动“发明创造评选”活动及相关出版物的筹划。参会者有自然科学史所的华觉明、张柏春、罗桂环、韩健平、孙显斌、韩毅、彭冬玲，以及中国科学技术出版社的吕建华、赵晖。11 月研究组举行学科召集人会议，推选各学科史的备选条目；12 月起在全国范围内广泛征求各学科领域共百余位专家学者的意见。2014 年 3 月 11 日，古代科技史研究室和图书馆组织召开“中国古代重要科技发明创造”评选汇总讨论会，张柏春、罗桂环、韩健平、孙显斌以及各学科评选召集人、离退休专家、古代科技史研究室成员等共计 20 余人参加会议。会议汇总各学科史专家通讯评审反馈的意见，逐项评审备选条目，初步推选出 113 项重要发明创造。

2014 年 3 月 21 日自然科学史研究所网站公布 113 项发明创造的初步推荐清单。此后，又经过多次讨论，并征得一些外国专家的咨询意见，遴选出 85 项发明创造。2015 年 1 月 28 日,《光明日报》对自然科学史研究所推荐的 85 项中国古代重要科技发明创造进行了报道，同时刊出 85 项发明创造列表。在此基础上，研究组全面启动条目撰写工作。2016 年初，根据后续的反馈意见，研究组将清单中的发明创造增加到 88 项。

此项工作是集体通力合作的成果。先后参加此项评选工作的国内外专家有（以姓氏拉丁字母排序）：艾素珍、Francesca Bray（白馥兰）、曹幸穗、Marco Ceccareli、Karine Chemla（林力娜）、陈久金、戴念祖、戴吾三、Joseph Dauben（道本周）、冯立昇、高晞、芶萃华、关晓武、郭书春、韩琦、韩毅、何绍庚、和中浚、侯甬坚、Jens Høyrup、胡维佳、华觉明、黄盛璋、惠富平、姜振寰、Eberhard Knobloch、Wolfgang König、李伯聪、李文林、廖育群、林文照、梅建军、闵宗殿、潘吉星、丘光明、邱庞同、宋正海、Friedrich Steinle、苏荣誉、孙来臣、田淼、万辅彬、王冰、王守春、王玉民、王振国、汪子春、吴鸿洲、席龙飞、徐凤先、杨鸿勋、杨文衡、杨永善、曾雄生、张大庆、郑锡煌、周嘉华、朱建平、邹大海。参与条目撰写的所内外专家有（以汉语拼音排序）：陈巍、陈晓珊、杜新豪、冯立昇、关晓武、郭园园、韩健平、韩毅、韩琦、黄兴、李昂、刘辉、刘煜、马敏敏、史晓雷、苏湛、孙烈、王广超、王玉民、徐丁丁、徐凤先、张柏春、张佳静、郑诚、郑术、周文丽、邹大海。参与条目审定的所内外专家有（以汉语拼音排序）：戴念祖、冯立昇、关晓武、郭书春、韩琦、何国卫、华觉明、李勇、廖育群、罗桂环、孙机、汪前进、王光尧、武廷海、徐凤先、袁靖、曾雄生、张柏春、张居中、张燕、赵丰、赵志军、钟少异。

张柏春、罗桂环、孙显斌、韩健平等共同主持了研究组的工作。张柏春对挂图和书稿做了统稿，并与孙显斌、徐丁丁及各位作者校订了清样。

孙显斌先后在陈巍、徐丁丁协助下，做了大量的组织工作，图书馆和编辑部联络国内专家开展通讯评审，科研处在出版等方面协助做了管理工作。北京大学考古文博学院刘彦琪为挂图与书稿的图片排版做了细致的工作。中国社会科学院考古所袁靖、赵志军和刘煜以及湖北省博物馆罗运兵、成都博物院王毅、香港中文大学邓聪、南台科技大学林聪益、河南博物院顾永杰、南京农业大学李昕升、自然科学史研究所的陈悦和徐丁丁等专家学者慷慨提供了图片。《光明日报》编辑齐芳支持了发明创造评选活动的报道。

中国科学院院长白春礼院士欣然为本书作序并题写书名。中国科学院传播局周德进局长对研究组的工作给予了大力支持和指导，陈红娟、徐雁龙二位处长也提供了帮助。国家文物局博物馆与社会文物司罗静副司长也对此项工作的意义给予肯定。中国科学技术出版社吕建华总编、赵晖编审、王菡编辑及中文天地公司金丰先生为挂图与图书的出版付出了心力。

我们谨向所有支持和参与此项工作的领导、专家学者和朋友致以最诚挚的谢意！

“中国古代重要科技发明创造”研究组
2016 年 5 月 20 日